シェイクスピアの生物学

菊山 榮

学校図書

目次

前口上

シェイクスピアの先輩作家といわれるロバート・グリーンは、よほどシェイクスピアの存在を疎ましく思っていたらしく、彼の半自叙伝的作品の中で、暗にシェイクスピアをさしてこう言っているそうであります。

「成り上り者のカラスが一羽いて、われわれの羽根で身を飾り立て、『虎の心を役者の皮で包み』、君たちの誰にも劣らず朗々と無韻詩をぶてるものと思っている。それにまた、すこぶるつきの何でも屋で、舞台を震撼させることのできる者〔シェイク・シーン（※ shake-scene）〕は国中におのれ一人だと自惚《うぬぼ》れている。」(1)

筆者はこのこと自体について論評する立場にありませんが、shake-scene という言葉にちょっと惹かれました。これは勿論、Shakespeare にかけた、あてこすりです。他に Shakespeare にかけたものとしては、

彼自身が１５９６年に父の名で申請して許可されたシェイクスピア家の紋章があります。金色の盾に黒い斜線を入れ、そこに槍を配したもので、明らかに槍をふるう（shake spear）を意識したものです。

筆者が札幌在住の友人たちを訪ねた際、一緒に入った駅近くのビアホールに古いポスターが貼ってあり、それにShakes Beerという文字があって感心したことがあります。これは優勝の決まった職業野球のチームが、もったいなくもかしこくも、びんをゆすって頭にビールをかけ合う行事を髣髴《ほうふつ》とさせます。

筆者もまた、シェイクスバイオ（Shakes-bio）という造語のサブタイトルのもと、シェイクスピアの作品をガラガラとシェイクしまして、取り出だしましたる生物あるいは生物学的現象をひねくって、紙面を埋める試みをいたす所存でございます。

この世には、シェイクスピアの作品とその訳書に加えて、膨大な数のシェイクスピアや彼の作品に関する出版物があるそうでありますが、生物学的「切り口」からのものは無さそうなので、あえて挑戦してみようという気になりました。

文中には、話の進行役、あるいは横道に逸《そ》らせて、ときに笑いをそそらせる役として、オーストラリア生まれの友人、ピーターを登場させることにしました。

さらに、文中にしばしば映画の場面を引用しましたが、その補足として、映画を引き合いに出した小文をコラム記事にして載せました。

また、自然科学の論文にならって節ごとに引用文献をあげて、正確さを期すとともに、より詳しく調べてみようという読者のための便宜を図ることにしました。

もとより筆者は、シェイクスピアどころか、そもそも文学の世界には疎く、至らぬ点は平にご容赦願うとともに、お気付きの点、種々ご教示いただければ望外の幸せというものであります。

菊山　榮

（1）「劇場人シェイクスピア」安西徹雄　新潮社（1994年）

※筆者

第一章

涙

其の一　ワニの涙

「ゆく春や鳥啼き魚の目は泪《なみだ》」

という芭蕉の句を、友人のピーターに解説してやったら、魚が涙を流すというのはおかしい、と言うのです。なるほど、魚の眼の周りに涙を製造していそうな腺《せん》組織は見当たりません。そこで、乏しくなった脳細胞を使って二人で成し遂げた解釈は以下の如きのものであります。

芭蕉は相次ぐ旅で、足の裏に「うおのめ」を作っていた。冬の間に取り除いておこうとしたが意外に手間取ります。出発日をのばしにのばして治療しましたが、とり切れない。春も過ぎなんとしているので、意を決してわらじをはきます。

「とれなきうおのめは痛いの何の、涙そのもの」であります。

調子に乗ったピーターは、さらに、「五月雨《さみだれ》を集めてはやし最上川」を取りあげ、あれは「サンダルを集めてはやし・・・」ではないのかと言い出す始末です。

芭蕉は、見送る門弟の前ではきりりとわらじをはいておりましたが、うおのめが痛くて旅の途中からわらじをやめ、よりクッションのよいサンダルに替えました。長《なが》の道中、何足かはきつぶしたものを、増水した最上川にまとめて捨てたのだと言い張ります。サンダルなんて当時の日本にあったのかと言うと、古代ローマ時代にサンダリオンと称する皮で編んだ履物があったのだから、江戸時代には十分間に合うはずだと言います。

大量のサンダルを川に捨てたら、今の世なら芭蕉は環境汚染のかどでとがめられます。それこそサンダル・スキャンダルだ、と言葉を返そうとしましたが、あまりに馬鹿ばかしいので涙の件に戻ることにいたしました。

魚類以外の脊椎動物の眼の周辺をさぐってみます。両生類《りょうせい》（カエルやイモリ）の幼生には依然として涙を作りそうな腺はありません。しかし、変態をする途中で、ハーダー腺と呼ばれる分泌腺が出現します。

さて、爬虫《はちゅう》類になりますと、ハーダー腺と涙腺の両方を備えているようです。一般に涙腺は比較的目尻に近く、眼窩《がんか》の外、上方にありますが、ハーダー腺は眼球の裏側、眼窩の中に位置しています。分泌物の成分も互いに異なります。しかし、いずれも眼に分泌物を放出している点では変わりありません。

産卵のために上陸したウミガメが涙を流している様子は、読み物にも載っておりますし、映像にもなって登場してまいります。海の中で餌をあさるウミガメの体内には、餌と一緒に取り込んだ海水が入り込みます。彼等は体液の塩濃度を一定に保つため、ハーダー腺で塩分を濃縮して涙として排出しているのです(1)。したがって、ウミガメの涙は海水の約1.5倍の濃度の塩分を含んでいます。彼等には「波も涙も暖かい」(2)どころか、「波より涙は塩辛い」ことになりましょう。

ウミガメとともに爬虫類の代表であるワニの涙のことが、シェイクスピアの作品に登場してまいります。

「アントニーとクレオパトラ」第二幕第七場。オクティヴィアス・シーザー、アントニー、レピダスたちがポンペイの船に呼ばれ、酒席についた際、ワニのことが話題になります。

レピダス「あそこ(※エジプト)の鰐は一体どんな恰好《かっこう》をしているのだね?」

アントニー「それは、いわばそれの形をしていますな、幅はまさにその幅くらいあって、丈《たけ》もぴったりその丈だけあるし、動くときは自分で動き、食う物は養分で、・・・」
レピダス「で、色は？」
アントニー「色までそいつの色なのだ。」
レピダス「珍しい蛇（※serpent）だな。」
アントニー「全くだ、それに、そいつの涙は湿っている。」
シーザー「その説明で満足できたのかな？」
アントニー「ポンペイの祝杯がおまけについているからな、それで満足できぬようでは、贅沢《ぜいたく》が過ぎるというものさ。」(3)
　しらふの我々には、アントニーの答えはいい加減でどうも納得いきませんが、これは彼が酒に酔っているだけでなく、エジプト滞在中すっかりクレオパトラに入れあげておりましたから、ワニのことなど眼中になかったためかもしれません。状況からしてこのワニはナイルワニのことだととれますが、ナイルワニは分類学上クロコダイル科に属します。ワニの仲間は、クロコダイル科の他にはアリゲーター科とガビアル科に分類されます。ガビアル科のワニは鼻先が細長く伸びているのに対し、アリゲーター科とクロコダイル科のワニは、頭部から鼻先にかけて、それぞれU字形、V字形になっていて、頑丈なつくりに見えます。クロコダイル科のワニは口を閉じても下顎の第四歯が外にとびだしているのが特徴で、見かけからしていかにも獰猛《どうもう》です。

ちなみに、alligator（アリゲーター）という言葉は、スペイン語の el lagarto に由来し、el は定冠詞、lagarto はトカゲ（lizard）のことであります。レピダスがワニをヘビと言っているのをあまり笑えません。

そうこうしているうちに、ピーターが腰をあげて、「See you later alligator !」と言って帰って行きます。この時はすかさず、「Crocodile !」と返すのが流儀です。ピーターのサヨナラの挨拶の末尾に、アリゲーターを持ってくるのは、語呂がよくなるので付けているまでで、特別な意味はありません。

クロコダイル科のものの中には、淡水と海水の混じった、いわゆる汽水にすみ、外洋にも泳ぎ出す手合いがいます。彼等もまた、体内に侵入する塩分を排出する仕組みを持っております。ウミガメと同じように涙で、といかないのが面白いところです。

ワニの涙（crocodile tears）は古来、偽りの涙、空涙である（4）といわれております。ワニは獲物を食べながらも、眼からは涙を流していることから、ワニの涙は偽りの涙であるという説が生まれたということです。

「ヘンリー六世」第二部、第三幕第一場。王妃マーガレットは王の叔父グロスター公を亡き者にしようと、グロスターと対立する枢機卿とサフォーク公を煽動《せんどう》します。

王妃「諸卿、冷たい雪もあたたかい太陽の光で溶けます。ヘンリーは国家の大事には冷たく、一方、小事には愚かしいあわれみをかけすぎる、そのためグロスターがその外見で王をだましているのです、鰐《わに》が悲しげな空涙で旅人たちのあわれみ心を誘い、罠におとしいれるように、あるいは蛇が、花咲く土手にとぐろを巻き、まだらに光る皮で子供の目を欺き、それがほんとうに美しいと思って近づ

くところを咬《か》みつくように。・・・」(5)

また、「オセロー」の第四幕第一場では、妻のデズデモーナと副官のキャシオーとの仲を疑っているオセローが妻をなじります。さめざめと泣くデズデモーナに、「ええい、悪魔め、この悪魔が！大地が女の涙で孕《はら》むものなら、落ちる滴《しずく》の一つ一つから鰐《わに》が生れ出よう。消えうせろ！」(6)と、ののしる台詞は、前記「ワニの涙は空涙」説が下敷になっております。

さて、ワニの涙が、生理学的にも「空涙」で塩分の薄い涙ならば、彼等はどこから塩分を捨てているのでありましょうか？

そのことを実証するためのヒントは思いがけないところに潜んでいたことがわかりました。友人のピーターに「いろはにほへと」の元歌である「色は匂へど」の講釈をしていたときのことです。

彼は読み方をとちりぬりまして、「わが世誰ぞ常ならむ」というところを「わによたれぞつねならむ」とやりました。これには驚きました。「素晴らしい！ ピーターよ、神の子よ。」「いや、私は亀の子ではありません。」「いや、確かだ、たわいだ、予言者だ。」つまり、正解は「ワニ涎《よだれ》ぞ常ならむ」なのであります。

ワニの場合、舌に塩分を濃縮する細胞群があって、そこから塩分を捨てているのです(7)。したがいまして、ワニの涎《よだれ》は他の動物のそれと違って塩分が多く、尋常ではないのであります。

ところで、この話はピーターが持ち込んだ「魚の涙」から始まったのですが、海水の中で生活する硬骨魚の仲間は体内に入ってくる余分な塩分を始末しなければなりません。頼みのハーダー腺はありません。尿に混ぜてどんどん捨てればよいというわけにはまいりません。彼らは、ただでさえ塩水に囲まれて水分を奪われがちな環境にあります。この際、水は貴重です。そこで彼らがとった手段は鰓《えら》を使うことです。海水魚は海水を飲んで腸から吸収し、そのうち水分は残して塩分を鰓から排出します。鰓には特殊な塩類細胞と呼ばれる細胞が備わっていて、そこで塩分を濃縮して体の外に捨てます。一方、サメやエイなどの軟骨魚は、我々が老廃物として尿に混ぜて捨てている尿素をため込んで、それを使って海水とほぼ等しい浸透圧になるようにして、しのいでおります(8)。

通常、両生類は海水中では生きられません。しかし例外があります。カニクイガエルです。このカエルは小さなカニを常食として、東南アジアの海岸のマングローブ地帯に生息しています。彼らは軟骨魚と同じように体液の尿素の濃度を高く保てる能力を備えているので、周囲の海水にさらされても、海水を含んだカニを飲み込んでも生きております(9)。

一方、体液をほとんど海水と同じにして、環境に適応している例には、ヌタウナギと海産の無脊椎動物が該当します。

海鳥の類も海水が体内に入ることが多いのですが、彼等はウミガメと同様にハーダー腺を用いて、眼から鼻孔を経由して塩分を出します。

一般にトリではハーダー腺がよく発達しております。ハーダー腺の分泌物は眼の乾きを防ぐ役目を持っているので、空を切って飛ぶ鳥には他の動物以上に重要なのかもしれません。それに加えて、彼等のハーダー腺はリンパ球を宿しております(10)。おそらくリンパ球は、眼や鼻の粘膜から侵入する異物を抗原として認識し、それと結合する抗体を作って、からめ取ってしまうといった防禦の役割をしているためと思われます。

先に申しましたように両生類では、幼生時代は水中で過ごしているので眼が乾く危険がないせいか、魚と同じようにハーダー腺がありません。将来変態して陸上生活する機会が増えることに備え、変態が進行するにつれてハーダー腺ができてきます(11)。さらに、カエルのハーダー腺は眼から侵入する細菌をやっつける、一般に抗菌ペプチドと呼ばれる物質を分泌するようになります(12)。また、ハーダー腺と一緒に目蓋《まぶた》と瞬膜《しゅんまく》と呼ばれる透明な膜も出現します。つまり、陸上生活に備えて眼にシャッターとガラス窓の両方を取り付けるほどの念の入れようです。しかし、変態しても水中に留まるアフリカツメガエルはハーダー腺こそ持つようになるものの、目蓋や瞬膜は発達してきません(11)。

カエルに限らず、「眼の周りの品々」を全部持つか、一個だけ、二個だけにするかはその動物の「都合」で決まっているようです。

（1）Schmidt-Nielsen K, Fange R. Nature 182, 783-785（1958）
（2）映画「A Hole in the Head」（１９５９年）の邦題
（3）「アントニーとクレオパトラ」福田恆存訳　新潮社（１９７２年）
（4）Neckam, A. De Naturis Rerum（12th-century manuscript）
（5）「ヘンリー六世」第二部　小田島雄志訳　白水社（１９８３年）
（6）「オセロー」福田恆存訳　新潮社（１９７３年）
（7）Taplin LE, Grigg GC. Science 212, 1045-1047（1981）
（8）腎と透析　対談「水の世界と進化：Sea within us」竹井祥郎、飯野靖彦
73, 9-20　東京医学社（２０１２年）
（9）Gordon, MS, Schmidt-Nielsen K. J Exp Bol 39, 659-678 (1961)
（10）Mueller AP, Sato K, Glick B. Cellular Immunol 2, 140-152（1971）
（11）Shirama K, Kikuyama S, Shimizu K, Takeo Y, Maekawa K. Anat Rec 202,371-378（1982）
（12）Konishi Y, Iwamuro S, Hasunuma I, Kobayashi T, Kikuyama S. Zool Sci 30,185-191（2013）
※　筆者

其の二
ヒトの涙

目から鼻に抜ける、抜け目ない男シェイクスピア。
涙もまた目尻の涙腺から出て目を潤し、目頭に開口している涙小管に吸い込まれ、涙鼻管を経て鼻に抜ける。

ヒトにはハーダー腺がなく、もっぱら涙腺が涙のもとです。

「リア王」第四幕第六場。二人の性悪娘に追い出され、放浪するリア王を、フランスに嫁いでいた残る末娘が、保護しようと人を使ってさがさせます。さがし当てた男に向かって、リア王は駄々をこねます。

リア「附添はいないのか？　俺ひとりか？　これでは、折角の男も泣き男、この目を庭の如露《じょろ》に使われ、何の事は無い、秋晴れの埃《ほこり》おさえになるだけだ。俺は綺麗《きれい》に死んで行きたい、美しく着飾った花婿のように。何を言う！　俺は陽気にやるのだ。おい、俺は王だぞ、お前等、それを知っているのか。」(1)

埃おさえになるくらいヒトが泣くには、涙腺の分泌をうながす副交感神経が相当興奮しなければなりません。ヒトは泣いたり、眼にゴミが入ったり、まぶしい光に当たったりしなければ、日に1ミリリットルに満たぬ涙の量で十分で、それは蒸発してしまうので他の役には立ちません。

この場面より少し前に、リア王はかつて彼に仕えていたグロスター伯爵に巡り合っています。グロスターは、リア王の次女リーガンとその夫の仕打ちで、眼を失っております。

リア「俺の不幸を泣いてくれる気があるなら、俺の眼を遣ろう。お前はよく知っている、グロスターと言ったな。」

しかし、眼をやろうと言われてもリア王のものでは願い下げかもしれません。

何しろ、自分の娘たちの性格をいとも簡単に見誤るほどの眼力の無さを露呈しているからです。

リア「忍耐が肝腎《かんじん》だぞ。人は皆、泣きながらこの世にやって来たのだ、そうであろうが、人が始めてこの世の大気に触れる時、皆、必ず泣き喚《わめ》く。一つお前に教えて遣《つかわ》そう、よく聴け！」

グロスター「おお、神はいまさぬのか！」

リア「生れ落ちるや、誰《だれ》も大声挙げて泣叫ぶ、阿呆《あほう》ばかりの大きな舞台に突出されたのが悲しゅうてな。・・・」(1)

リアが三人の娘の誕生に立ち会ったかどうか疑問でありますが、王様にしては出産時のありさまをよく知っているようです。特に「人が始めてこの世の大気に触れる時」というのは、たいへん的を射ている気がします。

新生児が、生まれてはじめて息を吸い、それを出すときは、声帯が閉じているので声が出る。産声《うぶごえ》というやつです。こうすると気道の中が多少圧力が高くなって、肺を押し広げるのに役立つのだそうです(2)。

肺が広がれば、さらに血液が肺に余計流れ込む仕掛けとなっていて、酸素と結合して赤い色になったヘモグロビン色素を持つ赤血球が、体のすみずみに供給されます。そこで土気色の赤ん坊が赤い赤ん坊に変わるわけです。ただし例外がありまして、映画「アダムス・ファミリー」に登場する赤ん坊は、化け物夫婦から生まれただけあって、「ハンド」という手だけのお化けに尻を叩かれて産声をあげるのですが、依然として土気色です。

このように、赤ん坊が生まれてすぐ泣くのは、呼吸生理学的に意味がありますが、「阿呆ばかりの大きな舞台に突出されたのが悲しゅうて」泣くかどうかは疑問であります。しかし、泣くことによって肺を押し広げて空気を入り込ませ、肺の血流を増す、と申しましても、そう簡単なことではありません。

肺の壁が濡れていると表面張力によって、互いにひっつき合い、はがすのに大きな抵抗があるはずです。ところがよくしたもので、胎児の肺は生まれるころまでに、空気に触れる細胞から、表面張力を減らす物質（サーファクタントと呼ばれる燐脂質）を分泌することができるようになります（3）。肺の表面がサーファクタントでおおわれますと、肺は少しの力でふくらむようになるのです。未熟児の肺はこの物質を十分作れないことがあり、その場合呼吸障害がおこります。肺が空気呼吸できるようにサーファクタントが増加する、いわゆる肺の成熟という現象は、ヒトに限りません。オタマジャクシがカエルになるときも、プロラクチンというホルモンのはたらきで、肺の上皮細胞がサーファクタントを作れるようになり、鰓《えら》呼吸から肺呼吸へスムーズに移れるのです(4)。

実は、涙もこのような表面張力を低下させる物質を含んでおります。眼球の前にある角膜の表面は、薄い涙の膜でおおわれていますが、この膜の厚さが均一でなく、盛り上がっていると像がゆがんだりしてよく見えません。涙の膜の厚さを一様に保つためには、表面張力を低下させる物質が必要なのです。

「リチャード二世」第四幕第一場。リチャード二世が退位を迫られ、彼自身に対する弾劾文を読むように強いられます。

王「私の目は涙でいっぱいだ、読もうにもよく見えぬ。だが、いくら塩からい水が目を曇らせても、ここに謀反人どもの群れがいることだけは見えておる。」(5)

このように、いくら表面張力を減ずる物質が入っていても、涙が激しく出ますと、角膜表面はでこぼこのスクリーンとなり、見るものすべてがぼやけてしまいます。

前出、リチャード二世が、目にワイパーが必要なほど多量の涙を流す男らしいことは、第三幕第三場の台詞からもうかがえます。

王「王はどうすればいい？ 服従せねばならぬのか？ 王は服従しよう。退位せねばならぬのか？ 王は喜んで退位しよう。・・・オーマール、心やさしい従弟、おまえは泣いてくれるのか、さげすまれた二人の涙で大空を曇らせてやろう、二人の涙と溜息の嵐で夏の穀物をなぎ倒し、この謀反の国土に飢饉をもたらしてやろう。あるいは、二人してこの不幸をおもちゃにし、流れる涙で子供じみたゲームでもしようか？ たとえば、一つところに涙をこぼし続けて地面に二つの墓穴を掘ってみたらどうだろう、そこに二人が埋められたら——『涙もて墓穴掘りし二人の近親者ここに眠る』とでも記されよう。悪しき運命がよき墓碑銘を与えてくれるわけだ。」(5)

これに対して、「ヘンリー八世」第二幕第四場。王妃のキャサリンは、王妃の座を追われるときでも「私はいま泣きたい気持です、でも私は王妃だから、あるいは王妃であると夢見るているだけかもしれませんが、とにかく王女であることはたしかなのだから、涙の一粒一粒を火花としてみせましょう。」(6)と毅然《きぜん》としております。

また、「乙女」ジャンヌ・ダルクも「ヘンリー六世」第一部に終始登場して、イギリス軍相手に奮戦し、遂に捕えられて火あぶりの刑を宣告されますが、涙を流す場面は一度もありません。もっとも彼女は、人間ではなくて「魔女」ということにされております。

第一幕第五場。

トールボット（※イギリス軍の勇将）「どこへ失せた、おれの勇気は、おれの力は？　わが軍は敗走し、おれには引きとめるすべもない、鎧をつけた女一人のために追いまくられる一方だ。・・・おお、きたな。さあ、おまえ相手に一騎打ちだ、悪魔だろうが悪魔のおふくろだろうが容赦はせぬ、おまえの血を流してやる

からな、魔女め、そしておまえの魂を主人の魔王のもとへすぐ送り届けてやる。」(7)

第五幕第三場。捕えられたジャンヌに対して、

ヨーク「フランスの夜の姫君もわが手に捕えられたようだな。どうだ、例の呪文をとなえて悪霊たちを解き放ち、おまえを自由にしてくれるかどうかためしてみては。たいした獲物だ、悪魔の恩寵を受けるにふさわしい！見ろ、醜い魔女めが眉をしかめてにらんでやがる、ギリシアの魔女サーシーのようにおれの姿を変える気か！」といった具合です。

ジャンヌ・ダルクが魔女だとすると、はなしは違います。魔女は人間と違って涙腺がありません。映画「媚薬」で、魔女(キム・ノヴァク)が人間と恋におちて涙を流すようになります。それを目ざとく見つけた彼女の兄(ジャック・レモン)が「もうおまえは魔女じゃない。人間になってしまった。」と残念そうに言う場面があります。

友人のピーターは、「そうしますと、最近の女性のマジョリティは魔女《まじょ》である、

ということになりますなあ。」と駄洒落をはさみます。

しかし、魔女でない女性であっても、必ずしも涙を見せるとは限りません。前出のヘンリー八世の王妃キャサリンもその一人でした。

よく「涙は女の武器」といわれますが、この表現は、前出の「リア王」の第二幕四場に出てまいります。長女と次女に領地を与えて、老後は世話をしてもらおうとしたリアは、難癖をつけられてどちらにも厄介払いされてしまいます。

リア「・・・ここにいるのは、神々よ、御覧の通り、一人の哀れな年寄りにございます、年を重ね、悲しみは積り、そのいずれにもみじめに打ちひしがれた年寄りがここに。この娘共を唆《そそのか》し、父親に背かせるのが、たとえ神意でありましょうとも、それ以上にこの老人を阿呆《あほう》扱いし、おめおめと苦しみを耐え忍ばしめざらん事を、吾が心の内に神の義憤を起さしめ、あの、女共の武器（※women's weapons）でしかない水の雫《しずく》に、この男の頬《ほお》を濡《ぬら》さしむる事無きよう。」と、今度は神頼みに方向転換します。

古い英語で woman は wif man（ヴェールなどで包まれた大切なもの）であったの

に対し、男性の方はweap manと表現されていました。weapenは武器（weapon）を意味します(8)。

したがって、武器は本来、男性のものと思われていたので、女性が涙を武器として使うのはいたしかたないことだったかもしれません。

（1）「リア王」　福田恆存訳　新潮社（1967年）
（2）「新生児」　山内逸郎　岩波書店（1986年）
（3）Billard PL. Hormones and Lung Maturation Springer-Verlag（1986）
（4）Oguchi A, Mita M, Ohkuma J, Kawamura K, Kikuyama S. J Exp Zool 269, 515-521(1994)
（5）「リチャード二世」　小田島雄志訳　白水社（1983年）
（6）「ヘンリー八世」　小田島雄志訳　白水社（1985年）
（7）「ヘンリー六世」第一部　小田島雄志訳　白水社（1983年）
（8）「英語の語源」　渡部昇一　講談社（1977年）
※　筆者

落涙

梅雨時になると、物皆湿っぽい。

涙は98パーセントが水であるから湿っぽいには違いないが、映画でヒロインが一気に感情を爆発させて、滂沱《ぼうだ》たる涙を見せるときは、意外にそれほど湿っぽくない。通常涙腺が分泌する涙の量はごくわずかで、鼻腔に流れ落ちるが、涙腺を支配する副交感神経が強く刺激されると涙の分泌が高まり、眼から大量にあふれ落ちる。

「あゝ結婚」の最後の場面で、ソフィア・ローレン扮する三人の子持ちの女が、逃げまわって結婚しない男（マルチェロ・マストロヤンニ）と遂に結婚し、大きな眼から涙をとめどなく流す。実はこの映画のなかばに、男が「お前は涙一つ見せたことがない女だな。」と言うと、女が「涙を流していられるのは幸せな女だけよ。」という台詞があり、これが伏線となって最後の落涙の場面が意味を持つ。

「さよならをもう一度」で、主人公（イングリッド・バーグマン）が相手（イヴ・モンタン）と喧嘩別れをし、車を運転しながら激しく涙を流す。画面では、フロントグラスが次第にぼやけてきて彼女はワイパーのスイッチを入れる。しかし、状態は一向に変わらずぼやけたままである。これが見ているものの笑いをさそう。

イタリアには「キリストの涙（Lacrima Christi）」というワインがある。どうやら神も涙を流すらしい。「愛の泉」の中で、アメリカ娘がイタリア男の気を引くために、このワインのことを口にする。男の家ではこの銘柄のワインを好むという情報を得ていたからである。

涙をうまく使った映画は「ミクロの決死圏」である。ミクロ化された医師や科学者が、頸動脈から人間の血管内に送り込まれ、脳の治療を行うというSF作品で、彼らは元のサイズに戻ってしまう前に、頸動脈から取り出してもらうはずだったが、時間がなくなり、窮余の一策、眼に入り込んで涙とともに脱出する。すくいとられた一滴の涙の中に入っている小さな人間が、見る見るうちに元のサイズに戻るところでホッとさせられる。

第二章

血

其の一　熱い血

血と涙という言葉を使って「血も涙もない」台詞を吐くのは、ヘンリー六世の妃マーガレットです。

「ヘンリー六世」第三部、第一幕第四場。

十五世紀後半のイングランドでは、紅薔薇の紋章のランカスター家と白薔薇の紋章のヨーク家との間に、薔薇戦争と呼ばれる王位継承争いがおこり、血みどろの内乱が繰り広げられました。ヨーク公リチャード・プランタジネットは、ヘンリー六世を退位させ、自ら王になろうと挙兵するも一敗地にまみれます。捕らえられたヨークを前にして彼女はこう言います。

王妃（※マーガレット）「勇敢なクリフォード、ノーサンバランドの両卿、その男（※ヨーク）をここにあるモグラ塚の上に立たせなさい、・・・ごらん、ヨーク、このハンカチを染めた血は、あの勇敢なクリフォードの剣先にえぐられて、胸もとからほとばしり出たラットランド（※ヨークの息子）の血。死んだ子のためにおまえの目でも涙をこぼすものなら、このハンカチをくれてやるからその頬をぬぐうがいい。・・・」

ヨーク公も負けてはいません。

ヨーク「フランスの雌狼め、いや、フランスの狼もおよばぬ、マムシの牙以上の毒を舌にふくんだ人でなしめ！・・・ああ、女の皮をかぶった虎の心！ 幼子《おさなご》の生き血をしぼりとったハンカチでその父親に目をぬぐえと命ずるとは、それでよく女の面をぶらさげていられるものだ！・・・このおれに怒り狂えと言ったな？これで本望だろう。泣けと言ったな？ いまその望みもかなえてやる。怒り狂う嵐は天にむかって風雨を吹きあげるが、怒りが静まると、大地にむかって雨が降りはじめる。この涙はいとしいラットランドへの手向《たむ》けだ、その一滴一滴が彼の死への復讐を叫んでいるのだ、残忍なクリフォード、おまえと、非道なフランス女、おまえにな。」(1)

悲憤のあまり出る涙を「血涙」といいますが、ヨークの涙はまさにそれでしょう。ヒトが本当に血の涙を流すとは思えませんが、ラットではそれに似た現象がみられます。ラットがストレスにさらされると、血のような色をした分泌物が眼から出ます。文字通り血涙（bloody tears）と呼ばれておりますが、実はこれはハーダー腺由来のものなのです。赤い血のような色はハーダー腺の分泌物に含まれるポルフィリンと総称される物質のせいであります(2)。生物にとって重要な役目をもつポルフィリン類は金属と複合体を作っております。ヒトなどの血液が赤いのは、赤血球に含まれるヘモグロビンによるのですが、このヘモグロビンはグロビン蛋白とヘムからなり、ヘムは鉄ポルフィリンです。また植物で光合成の場となる葉緑体は葉緑素（クロロフィル）を含んでおりますが、クロロフィルはマグネシウムポルフィリンであります。ただし、ハーダー腺にあるポルフィリンは金属を含んでいないようです。

友人のピーターは、オーストラリア生活がしみついているので、会話の際に随所に bloody という、「偉大なオーストラリアの形容詞」(3)を割り込ませてきます。たとえば、カンガルーというところを「kanga-bloody-roo」、それで十分というところを「that's good e-bloody-nough」といった風にです。慣れるまでは、耳がいつもbloody（血まみれ）になるような気分を味わいました。

そのことに触れると、「bloodyはby Our Lady（マリア様に誓って）のことだから気にしないでください。」と言います。

「そういえば貴兄は、吉利支丹伴天連《きりしたんばてれん》の徒だったのを忘れていたよ。」と言うと、「何ですか、そのキリシタンバテレンというのは？」と乗ってきました。

「キリスト教の神父のことで、転じてキリスト教のこともさすが、この言葉の由来を知りたいか？」

何しろ、bloodyの仕返しをせねばなりません。

「マリア様がやせこけたキリストを見て関西弁で問いかけた。すなわち……下痢したん？　バテへん？」

これには、ピーターもしばし絶句してから、「Thank you, it's more than enough.」とbloody抜きで言ったあとで、何やらつぶやき、「アーメン」と唱えました。「アーメン」が出てくるところはさすがです。

マクベスはスコットランド王ダンカンを殺害して王の寝所を去るとき、護衛の二人の侍臣が寝ぼけて「神よ助け給え」と言ったあとに、「アーメン」と言ってやるべきところ、言葉が咽喉《のど》につかえて出てこなかったと悩みます。ダンカンを殺した罪を二人にかぶせるために寝ている彼等に血を塗り付けてきたら、と勧めるマクベス夫人に行くのはいやだと言いはり、落ち着きません。

「マクベス」第二幕第二場。戸を叩く音におびえます。

マクベス「あれはどこを叩く音《おと》だろう。——おれはどうしたんだろう。音がする度にびくびくする。こりゃ何という手だ。や、目の玉が抉《えぐ》られる。大ネプテューンの大洋の水を皆使ったらこの血をばきれいに洗い落せるだろうか。いや、いや。おれのこの手は却っておびただしい海の水を朱《あけ》に染めて、青をば赤一色《ひといろ》にするだろう。」

マクベスに代わって、眠っている護衛に血を塗り付けて犯人に仕立てるための細工をしに行ったマクベス夫人が戻ってきます。

マクベス夫人「私の手も同じ色になりました。でも私はそんな青白い心臓を持つのを恥じます。・・・さ、部屋へ帰りましょう。水をちょっとばかり使えば、やったことはきれいになります。何《なん》でもありませんわ。あなたの度胸《どきょう》はどこへ置き忘れたのですか。・・・」(4)

マクベスが悩むのはひとつにはヒトの血が赤いからです。もしもヒトが赤血球を持たず、イカやタコ、エビ、カニなどのように血液中に銅を含んだヘモシアニンと呼ばれる呼吸色素を溶かしていればこの場面は成り立ちません。ヘモシアニンは無色ですが酸素と結合すると青い色になります。これだと血の付いた手を海水で洗っても海の色は変わらないし、心臓も赤くないはずですから、「青白い心臓」などと妻から嫌味を言われなくてすんだはずです。

ところで、ここで海を「朱に染める」と表現するために使われたincarnadineという語は、それまで淡い色調の赤の意味合いしかなかったそうで、シェイクスピアによって血の色（に染める）という意味が加えられることになったのだそうであります(5)。

この世に青白い血、したがって青白い心臓を持つ動物はけっこうたくさんおります。それらは無脊椎動物のグループに属します。

アリストテレス（B.C.384－322年）は、赤い血を持たぬ動物を血のない動物と思ったふしがあります。彼は「動物誌」、「動物部分論」、「動物発生論」などの彼自身の講義録ともいえる著書の中で、約五百種の動物を記載し、それらを有血動物と無血動物に大別しております。さらに有血動物を人類、胎生四足類、鳥類、卵生四足類、魚類と分けております。このうち、前三者は温血（恒温）動物でありますから、外界の温度が下がっても血は温かく保たれております。ヒトは寒さにさらされますと、血管を縮小し皮膚血流を減らし、ふるえなどによる筋肉運動によって熱を発生させて体温を上昇させます。逆に体温が上昇しますと、皮膚の血管を広げ、血流を増加させて体表からの放熱をさかんにしたり、汗をかくことにより体温を低下させたりします。

熱は物質代謝によって生じるものであります。ヒトでは、物質代謝によって得られるエネルギーをATPとして蓄えて、それを生きていくためのエネルギーに使いたいところですが、その四分の三は熱エネルギーになって、体温を維持するために用いられます。そのおかげで、ヒトを含めた恒温動物は、寒い時でも活動できるという利点を獲得しました。熱を発生させる主な場所は、肝臓、脳、筋肉です。

しかし、食事をとらずにいますと物質代謝が低下し、体温もいく分か下がり、精神も昂揚《こうよう》しません。

ローマの武人、ケーアス・マーシャス（コリオレーナス）はコミニアスとともにローマを外敵から救った功績により、執政官に選ばれようとしますが、彼を嫌う護民官にそそのかされた市民たちによってローマを追われます。復讐を誓ったコリオレーナスは敵と手をにぎり、兵を挙げてローマに迫ります。護民官はコリオレーナスの友人メニーニアスに、兵を引くように彼を説得してくれと泣きつきます。

「コリオレーナス」第五幕第一場。

メニーニアス「やるだけはやってみよう、話を聞いてくれるかもしれぬ。だがコミニアスにさえ唇を噛み、鼻であしらったとなると、気が重くなる。もっとも、悪いときに訪ねたのかもしれぬ、食事前の。胃の腑《ふ》がからだと、血が冷える、だからだれでも朝は不機嫌で、なかなか人にものを与えたり許したりする気にはなれぬ。ところが酒や食物で腹をみたし、血の流れをよくすると、神官のように断食しているときより、心がすなおになる。だから、あの男が要求を聞く気になるほど食事をとるまで待ち、そのうえで話を切り出すことにしよう。」(6)

まさにメニーニアスは思慮深い人物で、護民官のブルータスは「あなたはあの人の胸に飛び込む道をご存じだ、・・・」と感心します。

ヒトの体は、ゲームや恋愛など、ものごとに熱中すると体温が上昇します。このような場合、多量のアドレナリンが副腎髄質から血液中に放出されており、アドレナリンは物質代謝を促進して熱を発生させるはたらきがあるのです。

トロイの王子パリスが、ギリシャの高官メネレーアスの妻ヘレンを略奪してきたのがもとでトロイが攻められているのに、二人はいい気なもので次のような会話をしております。

「トロイラスとクレシダ」第三幕第一場。

ヘレン「ほんと、恋をすると鼻の先まで恋に染まるのね。」
パリス「恋するハート（※love）はむつみ合う鳩（※dove）を糧《かて》とする、すると熱い血が生まれる、熱い血は熱い思いを生む、熱い思いは熱い行為を生む、熱い行為は恋だ。」(7)

どうもこれは、舞い上がっていて軽薄過ぎます。もうちょっと凄味があった方がいいかもしれません。たとえば、与謝野晶子の「みだれ髪」の一首。

やは肌のあつき血汐《ちしほ》にふれも見で
さびしからずや道を説く君

これに対して、夫の鉄幹が「からだの内部で発生した熱が、血液循環によって体表面まで運ばれ、肌がほてるのだ。」と、ものの道理を説いたかどうかしりませんが、「血液循環説」を確立したのはウィリアム・ハーヴィ（William Harvey）で１６２８年のことであります。

ハーヴィは「心臓と血液の運動」の第十四章で、「いくつかの推量と眼でみとどけられた実験」から、「動物においては血液は円環状の経路をめぐり、ある種の循環運動へと駆りたてられており、不断の運動状態にある。そしてこれは、心臓の活動（actio）あるいは機能（functio）であり、その搏動によってなされる。要するに心臓の運動または搏動こそが〔血液循環の〕唯一の原因である。」と、かなり持って回った言い方で結論を下したのでした(8)。

ハーヴィは、数多くの動物を生体解剖して実験・観察をしたらしいのですが、同時に、生きているヒトの血管などもつまんだり、押さえたり、脈拍を調べたりもしたらしいのです(9)。

与謝野晶子の歌を書き写しているうちに、これを古典落語の「千早振る」風にひねくれないかと悪戯心が湧いてきました。この話は、古今集におさめられていて、百人一首にも入っている藤原業平の歌を「まくら」にしております。

ちはやぶる　神代もきかず　龍田川
からくれないに　みずくくるとは

これを、「留さん」が「先生」なる人に解釈してもらいたいと頼みます。そこで先生は、「関取の龍田川が花魁《おいらん》の千早に懸想《けそう》するもふられ、それではと千早の妹分の神代に声をかけますが、色よい返事をもらえず、失意の果てに力士を廃業して家業の豆腐屋を継ぎます。三年後のある日、オカラでよいから恵んでくれと店先にやってきたのは落ちぶれた千早。今度は龍田川が拒んで、千早は絶望して入水自殺した。」とやってのけるのですが、留さんは最後の「とは」は何かと尋ねますと、千早は源氏名で、「とは」は本名だと切り抜けて笑わせます。

これにならいますと、晶子の歌は次のようになります。

やは肌のあつき血汐にふれ、揉み手、

サビィ叱らずや、未知を解く君

しきりにサビィの肌に浮き出た血管に触っては、すまないがもうちょっと、などと揉み手をして詫びながら血液の流れの謎を解こうとするハーヴィ。サビィも科学の進歩のためだとわかっちゃいるけど、あまりのしつこさに「いい加減にして下さい！」と叱ることもある、といった情景が浮かんでまいります。

ここへ、例によって友人のピーターがやって来ました。

サビィ叱らずや…。

この解釈を聞いて、

「ところで、サビィとは誰でっしゃろか？」

「ハーヴィの妻ですよ。」

「ところで、奥さんの正式名は何と言わはります？」

「Elizabeth（エリザベス）」

「それなら愛称はSabbie（サビィ）やのうて、前半部を使こうたらEliza（イライザ）、Elsie（エルシー）、Lizzie（リジー）、Liz（リズ）、Liza（ライザ）、Lisa（リサ）、後半部で行きはるならBess（ベス）、Beth（ベス）、Bessy（ベッシィ）、

Betty（ベティ）あたりが相場でっしゃろ。」

　何故かピーターは自分が優位に立つと、関西弁もどきの口調になります。

「ピーターよ。これだから、侘《わび》・寂《さび》などという、もののあわれのわからないやつは困るんですよ。硬いこと言わずに真ん中のあたりを使って、サビィで手を打ってくれよ。」

「寂に侘をまぜたら山葵《わさび》になりますな。」

と、食えないやつです。

（1）「ヘンリー六世」第三部　小田島雄志訳　白水社（１９８３年）
（2）Shirama K, Furuya T, Takeo Y, Shimizu K, Maekawa K. Zool Mag 88, 145-154 (1979)
（3）O'Grady J. Aussie English Ure Smith (1965)
（4）「マクベス」　野上豊一郎訳　岩波書店（１９５８年）
（5）「シェイクスピア」　福田陸太郎・菊川倫子　清水書院（１９８８年）
（6）「コリオレーナス」　小田島雄志訳　白水社（１９８３年）
（7）「トロイラスとクレシダ」　小田島雄志訳　白水社（１９８３年）
（8）「血液循環の発見―ウィリアム・ハーヴィの生涯」　中村禎里　岩波書店（１９７７年）
（9）「先駆者の勇気に応えたい　医療の歴史エピソード集」　テルモ株式会社（１９８１年）
※　筆者

其の二　巡る血

血液が循環していることを、暗示しているくだりは「ハムレット」に出てまいります。ちなみに、「ハムレット」が書かれたのは1602年以前のことで、ハーヴィの「血液循環説」が出版されたのは、その約二十五年後であります。

デンマーク国王であったハムレットの父は、その弟クローディアスに暗殺され、王位と妃を奪われました。殺された王は亡霊となって現われ、ハムレットに暗殺の手口を語ります。

「ハムレット」第一幕第五場。

亡霊「・・・例のごとく庭園でわし一人、午睡の夢を楽しんでいると、眠りこんだ心の隙をうかがい、そなたの叔父が毒草の汁の入った瓶をもってこっそり忍びより、わが耳に注ぎこんだのだ、癩病のように肉を腐らすヘブノンの毒液を。それは人間の血とは相容れぬ性質を有しておる。したがって五体のなかをすみずみまで、水銀のようにすばやくかけめぐると思うと、たちまち、乳のなかに酢を落とすように、きれいな澄んだ血液をこごらせ、その健康な流れを止めてしまうのだ。・・・わしの滑らかな肌は瞬時にして癩病やみのように見るも無惨なかさぶたにおおわれてしまったのだ。」(1)

毒を耳から入れて殺す方法のヒントになる、生物学・医学上の発見は、イタリアの解剖学者バルトロメオ・ユースタキ(Baltolomeo Eustachi:1520?-1574)によってなされました。それは「ハムレット」が世に出る約四十年前のことであります。彼は中耳から喉に通じる管をみつけてユースタキ管と名付けました。

ところで　シェイクスピアは「耳から薬を入れて体内に届かせる」という表現が気に入っているらしく、「オセロー」でも出てまいります。ただし、ここでは薬は比喩的な意味で、実際には慰めの言葉です。

ヴェニスの議官ブラバンショーは、娘のデズデモーナが父親に背いてムーア人のオセローと結婚したことで怒り、悲しんでおります。

「オセロー」第一幕第三場。

ヴェニス公の慰めの言葉に対してブラバンショーは、「・・・要するに、世のお題目めいた格言、ことわざの一切は、甘いも辛《から》いも味つけ次第、いずれもごもっともと是非両様に解せられる曖昧《あいまい》なものでございましょう。言葉は所詮《しょせん》言葉に過ぎませぬ、きょうまで誰にも聞いたことがない、心臓の傷が耳から注いだ血止薬で癒《なお》ったなどという奇蹟《きせき》は。・・・」(2)

後者の場合は耳まで届いたあと、脳がどう反応するかですが、「ハムレット」では毒薬は外耳に入れているので、本来なら外耳と中耳を隔てている鼓膜が邪魔になります。毒薬が喉に達することができたのは、「ヘブノン」という架空の毒薬に鼓膜を溶かす力があったのか、慢性の中耳炎などで鼓膜にもともと穴があいていたのかもしれません。エリザベス朝期には、耳漏が決してめずらしいものではなかった(3)ということです。

亡霊は「瞬時にして」と言っていますが、毒が血管に入ってから全身を一巡するのに要する時間は、$21 \times W^{0.21}$ 秒の式（Wは体重をキログラムで表したときの数値）から、Wが65前後なら約50秒です。また、もとの文の「耳（の穴）に」が「in the porches of my ears」と複数形になっております。「both ears」とは記されていないので定かではありませんが、仰向けに寝ていた場合、びんから直接両耳に入れるのは難しそうです。横向きになっているところで片方に入れ、寝返りを打つのを待って残りの耳に注入して駄目を押したのかもしれません。

このあたりの推理はエルキュール・ポワロにでもまかせるとして、血液循環説を唱えたハーヴィは、「血液は大静脈から肺動脈を介して肺に送られ、肺から肺静脈を介して心臓に戻り大動脈に送られる。」と述べております。肺はいうまでもなく、ガス交換の場で、血液は二酸化炭素を放出し、酸素を取り込みます。ところで、恒温（温血）動物の場合、外気温が高過ぎたり、運動などによって発熱量が増したりしたとき、放熱が十分に行われないと体温が上がり過ぎてしまいます。温度が上昇しますと、赤血球中のヘモグロビンは酸素と結合しにくく、離れやすくなります。そうすると、酸素を十分に体のすみずみまで供給できなくなる事態が生じます。このとき、心臓の方が拍動を早めて、少しでも多く酸素を運搬しようとしますし、肺は呼吸数を増して空気をたくさん送り込もうとします。一方、皮膚では発汗をして効果的に熱を放出しようとします。また、外呼吸によって気道でも放熱します。ヒトはこのようなとき「喘《あえ》ぎ」の様相を呈します。

現国王のクローディアスは、前国王を暗殺したことをハムレットに感づかれたとさとって、ハムレットを消そうとします。そこで、ハムレットに誤って刺された内大臣の息子レアテーズをそそのかし、毒薬を塗った剣でハムレットと試合をさせ、さらに毒盃を用意して万全を期します。

「ハムレット」第五幕第二場。

王（※クローディアス）「ハムレットが勝たうぞよ。」

妃「肥り肉《じし》ゆゑ息が切れう。……これ、ハムレット、此汗拭《ふき》で汗を拭《ぬぐ》や。そなたの勝を祝ふ酒盃《さかづき》、妃が乾すぞや。」(4)

ハムレットはどうやら太っていたようにとれますが、これは初演の時のハムレットを演じた役者が太っていたので、それに合わせたためだという説もあります。

それはともかくとして、ヒトは太りますと体が丸味を帯びます。容積の割に表面積がもっとも小さいのは球体です。したがって、太った体は容積の割に表面積が小さいため、放熱効果がよくありません。ハムレットが汗を流して、息づかいが荒いのもうなずけます。

例によって、ピーターが現れましたので、つい腹の辺りを見てしまいます。視線を感じて、ピーターは腹を引っ込めて、「年齢の割にはパッサブル（passable）ではありませんか？」と、丸めて握っていた競馬新聞で腹を叩いて胸を張ります。

そこで、夏競馬についてピーターに講釈したくなりました。

「ピーターよ。俺たちは夏暑い。馬だって暑い。走ればもっと暑い。トレーニング積んで体重を落としてきた、わき腹が洗濯板の馬が狙い目だぞ。」

「センタクイタ？」

洗濯板なんて知らないのは無理もないと気付きました。もはや死語かもしれません。

「あばら骨が浮き出てデコボコに見えるやつ。これだと体重（容積）に対して皮膚の表面積の割合が大きくなるから、放熱効果よく、バテ難い。」

死 (fate) か　脂 (fat) か、それが問題だ。

「わかり真下に落っこちました。センタクイタを選択しますよ。」と言いつつも、ピーターは腑に落ちない顔で競馬場へと去って行きます。

シェイクスピアの作品に出てくる人物で、間違いなくハムレットより太っていた者は「ヘンリー四世」に登場する騎士、ジョン・フォールスタッフでありましょう。彼は「放蕩無類の生活をしている」王子ハルと付き合っています。

「ヘンリー四世」第一部、第三幕第三場。居酒屋で眠っている間に金と指輪を盗られたと、女将にからんでいるフォールスタッフを王子がやり込めます。
フォールスタッフ「・・・おまえ（※ハル）をこわがるぐらいならどんなわざわいが降りかかってもいい、この帯がぶっ切れたってかまわん。」
王子「そんなことになったら一大事だ、おまえの臓物がその膝までたれさがってしまう！　だがその腹のなかには、真実だの誠意だの正直さだのといったものの入る余地はあるまい、臓物と横隔膜でいっぱいだからな。・・・この厚顔無知な肥満体野郎、おまえのポケットにいったいなにが入っていると言うのだ、居酒屋の勘定書きと、女郎屋の証文と、ふとっちょの息切れをとめる氷砂糖が一かけら、そのほか盗まれて損になるようなものが一つでも入っているならおれを悪党呼ばわりするがいい。これでもまだ言い張る気か？　ポケットを探られたなどとボケッとした面でぬかすのか？　それで恥ずかしくないのか？」
フォールスタッフ「・・・あのアダムって男は、罪や悪など何一つない楽園にいても堕落したんだろう。とすれば、このあわれなジャック・フォールスタッフは悪徳のはびこる末世にあってどうしたらいい？　ごらんのとおり、おれは人並み

はずれて肉が多い、したがって人並みはずれて道を踏みはずしやすいんだ。・・・」(5)

「ポケットに氷砂糖」というのが、もっともよくフォールスタッフの体型を物語っております。大きな太った体を動かすにはエネルギーを余計使わなければなりません。エネルギーは糖を酸化して得るのが最も近道です。自らの脂肪の蓄えを消耗せずに、手っとり早く血液中に糖を補給するには、氷砂糖はもってこいのものです。

（1）「ハムレット」　小田島雄志訳　白水社（１９８３年）
（2）「オセロー」　福田恒存訳　新潮社（１９７３年）
（3）Eden AR, Opland J. New England J Med 307, 259-261（1982）
（4）「ハムレット」　坪内逍遥訳　第三書館（２００７年）
（5）「ヘンリー四世」第一部　小田島雄志訳　白水社（１９８３年）
※　筆者

放熱

幸か不幸か我々は恒温動物なので、夏に気温が高くなると、自分の体から出る熱を逃がして、体温を一定に保とうと四苦八苦する。ひんぱんに空気を吸い込んで（あえいで）、肺の表面から放熱する。また、汗をたくさんかいてそれを気化させ、体表からも熱を失わせる。

ゴールドフィンガーを裏切って、ボンドについた女が、体の表面を金粉で塗り込められて殺される。ヒトの場合、皮膚呼吸は肺呼吸に比べわずかだが、皮膚が必要とする酸素、不要の炭酸ガスの一部は、体表からそれぞれ吸収、放出される。金粉で体表がおおわれると、皮膚のガス交換はさまたげられる。

しかし、直接の死因は、体表面からの放熱が難しくなって、体温が上がり過ぎたことであろう。

夏のニューヨークの、冷房のないアパートは地獄だ。「七年目の浮気」に登場する女の子（マリリン・モンロー）は、そういう部屋を借りているという設定で、下着を冷蔵庫に入れて冷やしておき、それを着用しては束の間の暑さをしのぐ。

地下鉄の通風口から路上に出てくる風は、ほこりとカビの匂いがして、おまけになま暖かく、気持ちがいいはずはない。

しかし彼女は、よほど暑かったせいか、その風であおられてスカートがめくれ上がったとき「デリシャス！」と叫んでしまう。

我々の体は、緊張や興奮によっても熱を余分に発生する。

「夜の大捜査線」の、南部の田舎町の白人の警察署長（ロッド・スタイガー）は、フィラデルフィアから来た、洗練された黒人刑事（シドニー・ポワチエ）の前で、いつも汗をかいていた。

其の三　血の値段

シェイクスピアの作品には、「血で贖《あがな》う」あるいは「血に換算する」場面が数多く出てきます。

「アテネ一高潔、円満、寛仁な紳士」である貴族タイモンは、人に頼まれれば断れない。困っている者に気前よく施しをする。遂には無一文となり、借金だけが残ります。かつて助けられた人々は恩を忘れ、召使いを送ってタイモンに借金の返済を迫ります。

「アテネのタイモン」第三幕第四場。

タイタス「タイモン様、これが私の主人の請求書です。」

・・・

フィロータス「みんな請求書を持参したのですが。」

タイモン「その請求書でおれの急所をえぐるがいい。」

ルーシアスの召使い「ああタイモン様――」
タイモン「おれの心臓を金額の数に切り刻むがいい。」
タイタス「私のところは、五十タレントです。」
タイモン「おれの血で数えろ。」
ルーシアスの召使い「私のところは、五千クラウンです。」
タイモン「おれの血を五千滴やろう。おまえのところは？　おまえのは？」(1)

イギリス軍に対してフランス軍の旗色が悪くなったことをみてとった乙女ジャンヌ・ダルクは、悪霊の助けを借りようとします。

「ヘンリー六世」第一部、第五幕第三場。

乙女「・・・私につき従う霊たちよ、もう一度だけ私を助けておくれ、フランスの勝利のために。（悪霊たちは歩きまわるだけで、なにも言わない）ああ、なにか言ってよ、いつまでも黙っていないで！　いままではいつも私の血を吸わせてあげたけど、今日は手の一本ぐらい切りとってあげるわよ、あとで改めてお礼をするその手付けとして。・・・（悪霊たちは首を垂れる）・・・ではこの魂をあげる、からだも魂もみんな、フランスがイギリスに負かされないためならば。（悪霊たちは去る）ああ、みんな私を捨てて行く！・・・」(2)

タイモンもジャンヌも、かなり捨鉢になって自分の血に値を付けているようです。

一方、トロイ戦争の引き金になったヘレンの血には高い値が付きます。

「トロイラスとクレシダ」第四幕第一場。ギリシアからヘレンを奪ってきたトロイの王子パリスは、休戦中にギリシアの将軍ダイアミディーズと出合います。

ダイアミディーズ「・・・いいですか、パリス、あの女（※ヘレン）の不貞の血一滴ずつのためにギリシア人が一人ずつ死んでいるのです。あの女の腐れ肉一オンスずつのためにトロイ人が一人ずつ殺されているのです。だがあの女は口をききはじめて以来、ギリシア人やトロイ人がいのちをすてていいようなりっぱなことばを一度も吐いてはいないのです。」

パリス「ダイアミディーズ、あなたは取引がお上手だ、買いたい品物をこっぴどくけなされるとは。だがこちらは沈黙して宝物を大事に守るとしよう、・・・」(3)

ここで、ヘレンの命はギリシア人何人の命と等価値か計算してみようと思います。ちょうどよい具合に、友人のピーターが、バレンタインデイにもらったチョコレートを平らげたら鼻血ドビュッシーで、頭がクララ・シューマンになってしまった、とボヤキながらやって来ました。鼻からしたたり落ちる寸前の血の滴の直径を測ると、約０・７センチメートルあります。

r（半径）を０・35センチメートルとして、ピーターに血一滴の容積を、$4\pi r^3/3$の式から計算してもらいます。

「πはいくつでしたっけ？」手間がかかるやつです。

「π《パイ》は３・14で、つまり3月14日である。この日はパイの日といって、バレンタインチョコレートの贈り主に、アップルパイ、麻雀パイ、ピザパイ、何でもいいからパイを贈る。世間ではホワイトデイなどと気取っているが、君たち白人とは関係ない。中国では白はパイというからでr（アール）。」

ピーターは疑わしそうな顔をしながら、血一滴は約０・18ミリリットルと算出してくれました。

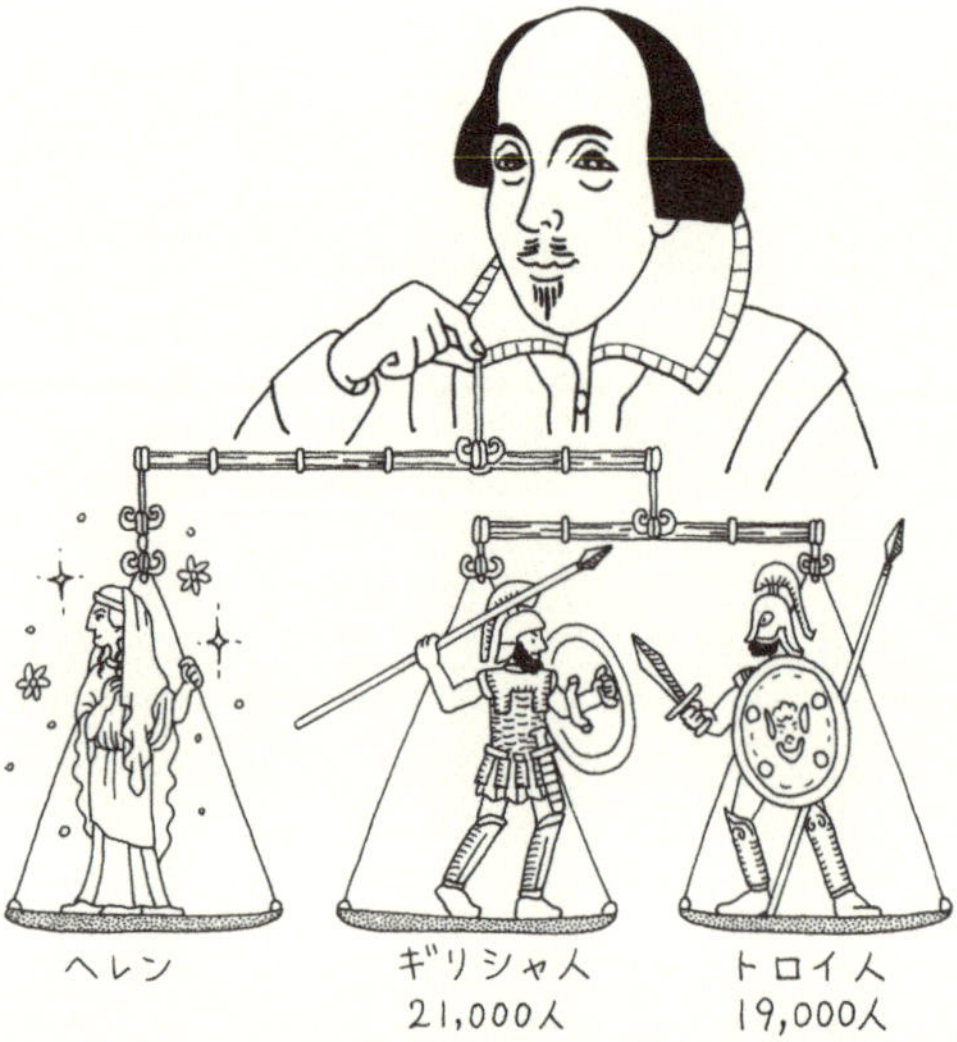

シェイクスピアの天秤。

さて、ヒトの総血液量は、体重をWキログラムとすると、76×Wミリリットルであります。ヘレンの体重を50キログラムとすると、彼女の総血液量は３８００ミリリットル。血一滴が０・18ミリリットルですから、約２万１０００滴分にあたります。したがって、ギリシア人２万１０００人の命に匹敵いたします。

今度は、ヘレンとトロイ人との交換レートです。ここに引用した訳文では、「トロイ人一人の命はヘレンの肉１オンス」となっていますが、原文では1スクループルで、これは24分の1オンス。通常の1オンスは28・3グラム（薬用、貴金属宝石用オンスは31・1グラム）ですから、1スクループルは1・18グラムです。ヒトでは体重の45パーセントが骨格筋です。ヘレンの体重50キログラムのうち、肉は22・5キログラム。グラムに直せば2万2500グラム。ヘレンの肉全部は、これを1・18でわった値、すなわち約1万9000スクループル。これは、トロイ人1万9000人の命に相当します。これだと、トロイ人の方がギリシア人より約一割ほど価値が高いことになりますが、シェイクスピアの見積もりがかなり正確であることに驚かされます。

ついでにもう一つ。トロイ王の長男ヘクターとギリシア将軍のユリシーズは、休戦期が切れる前日、次のような会話をします。

「トロイラスとクレシダ」第四幕第五場。

ユリシーズ「これは不思議だ、トロイの城がそびえている、その柱石がここにきているのに崩れないとは。」

ヘクター「お顔はよく存じておる、ユリシーズ、そう言えばギリシア人もトロイ人もだいぶ死にましたな、あなたとダイアミディーズがギリシアの使者としてトロイにまいられたときお目にかかって以来。」

ユリシーズ「あのとき、将来の見通しについて申しあげたが、私の予言はまだなかばしか実現しておりません。というのは、トロイの正面に傲然と立ちはだかる城壁も、雲に唇を押しつけている城楼も、いずれは倒れ伏し、おのが足にキスするはずだから。」

ヘクター「信じられませんな。それ、あのようにそびえ立っておる。控えめに見てもあのフリジアの石が城壁から一つ崩れ落ちるたびにギリシア人の血の一滴が流れよう。すべてを決するのは最後だ。『時』という調停役がいずれいっさいのけりをつけてくれましょう。」(3)


ギリシア人の体重を60キログラムとして、先ほど算出した交換レートを使って計算してみます。ギリシア人一人分の血の総量は４５６０ミリリットルということになり、血一滴は0・18ミリリットルですから、一人分の血は石の数にしますと、約２万５０００個にあたります。先の計算で、ヘレン一人分の血はギリシア人２万１０００人の命に匹敵することがわかっております。一人分の血は一人の命と等価値とみなすならば、ヘレン一人の命は、約5億３０００万個の城壁の石に相当するということになります。

これを聞いてピーターは、「ヘレンは文字通りの傾城《けいせい》の美女ということになりますね。」とのたまいます。洗濯板は知らなくても、「傾城」という漢書にある言葉を使えるのですから見上げたものです。

果たしてヘクターは、ヘレンと城壁の石との換算値がこれで妥当と思ったかどうか、ヘクターの弟でヘレンにぞっこんのパリスならどう見積もったか、いずれにしても空しい計算であることには違いがありません。

もとはといえば、ギリシア人の命をヘレンの血の量で換算し、トロイ人の命を彼女の肉の重さで表したことが、はなしをややこしくしてしまいました。苦労した挙句、「ヘレン単位」で表すことにより、ギリシア人２万１０００人の命がトロイ人１万９０００人の命に等しいことがわかりました。両者間にそれ程差がないので、ヘレンの血一滴（0・18ミリリットル）と、ヘレンの肉一スクループル（1・18グラム）もほぼ等価値であるといえそうです。

ところで、前出のギリシアの将軍ダイアミディーズは、ヘレンの肉をわざと腐れ肉（carrion）と言っておりますが、食用肉をささない「肉（flesh）」は広辞苑では「動物の、体の主として筋肉から成る部分。皮膚におおわれ、骨格に付着する」とあり、Cambridge English Dictionaryでは、「the soft part of the body of a person or animal that is between the skin and the bones」などと説明されております。いずれも、血については直接触れていないものの、「血含み」であることは明らかです。

そうしますと、ヘレンの血0・18ミリリットルは、同じくヘレンの肉1・18グラムに匹敵するといっても、実際には「血入りの肉」なので、「血無しの肉」は血に換算したらどの程度の価値があるのか、という問題にも答えておく必要がありそうです。

一般に、筋肉は比較的多量のエネルギーを消費する組織であります。したがって、酸素や栄養分を運ぶため毛細血管が豊富に分布し、含まれる血液量も多いはずです。しかし、ここでは、ヒトの組織重量当たりの平均的血液量を76×Wミリリットルの式（Wはキログラムで表した組織重量）から算出することにしますと、肉1・18グラム中に約0・09ミリリットルの血が含まれることになります。この0・09ミリリットルの血プラス「血なしの肉」が、0・18ミリリットルの血と等価値に近いわけですから、「血なしの肉」は「血」0・09ミリリットルに相当することになります。すなわち「血入りの肉」から血を抜き取られた「血無しの肉」は、「血入りの肉」の半値ということになります。ただし、血を抜き取られたため、「血無しの肉」は重さも若干（約一割弱）減ってはおります。

ご存知「ヴェニスの商人」に登場するシャイロックは、「血入りの肉」であるか「血なしの肉」であるか、などと考えずに、ヴェニスの商人アントーニオーに肉1ポンドをかたにして三千ダカットを貸します。アントーニオーは友人のバサーニオーのために借りたのですが、自分の商売用の荷を積んだ船が嵐で難破する破目に遭い、期限内に返せなくなり窮地に落ちます。

「ヴェニスの商人」第四幕第一場。アントーニオーを救わんと、バサーニオーの妻ポーシャが裁判官になりすまして登場します。

ポーシャ「この商人の肉一ポンドはお前（※シャイロック）のものである、当法廷はそれを許す。国法がそれを与えるのだ。」

・・・

シャイロック「博学このうえなき裁判官様――判決が下ったのだ――さあ、用意をしろ。」（ナイフを逆手にアントーニオーに近づく）

ポーシャ「待て、まだあとがある。この証文によれば、血は一滴も許されていいな（※the bond doth give thee here no jot of blood）――文面にははっきり「一ポンドの肉」（※a pound of flesh）とある。よろしい、証文のとおりにするがよい、憎い男の肉を切りとるがよい。ただし、そのさい、クリスト教徒の血を一滴でも流したなら（※if thou doth shed one drop of Christian blood）、お前の土地も財産も、ヴェニスの法律にしたがい、国庫に没収する。」(4)

どうもこの判決によると、「切り取る肉には血が含まれていてはならないし、血を流してもならない」ととれます。血を流さずに肉を切り取るには、同じシェ

第二章　血

イクスピア作品「ハムレット」で、ハムレットの父であるデンマーク王を殺すために、王の弟が使った「ヘブノンの毒薬」が有効です。この毒薬は血を瞬時にして固めてしまうからです。あるいは人工衛星のカプセルに付着していた地球外病原体（アンドロメダ菌株）、これも血液を即座に凝固させる力を持っております[5]。

しかし、いずれの場合も、切り取った肉にも固まった血が入っておりますし、それよりも、肉の提供者の命を奪うことになってしまうので現実的ではありません。どう考えても、血をまったく失わず、血を一滴も流さずにすますことはできません。

「ヴェニスの商人」には法律問題が数多く含まれていて、それを巡って多くの法律家が論じ合っているようです[6]。そして、この判決そのものも問題点が多いようです。また、シェイクスピアが描くアントーニオーという男は、当時のヴェニスの商人道の常識にかからない（風上におけない）男であるとのことです[7]。

しかしそれはともかく、シャイロックには同情を禁じ得ないところがあります。

彼は「ヴェニス市民に非ざる者にして、市民の生命に危害を加えんともくろんだ」

73

かどで、危害を加えられんとした側（アントーニオー）に財産の半分を支払い、国庫に残り半分（最終的にはまぬがれる）を没収された上、ユダヤ教からキリスト教に改宗することまで要求されたのです。

何とかシャイロックに一矢報いさせたいところです。シャイロックは判決のあったあとで、「いいや、命でも何でも取るがいい、お情は要りませぬ。家を取りあげるのも同じことだ、家を支える親柱を取りあげるというのだから。命を取りあげるも同じことでございます、命をつなぐ財産を取りあげるとおっしゃるのだから」(4)と言っております。

そこで、これに続けて「財産のかわりに私の肉をいくらでも切り取ってください。血を流してはいけないなどと野暮なことは申しません。」と提案してみたらどうでしょう。もし相手が乗ってきたら（乗ってくるとは思いませんが）、「私は肉は切り取ってもいいと申しました。しかし、筋肉に分布している神経まで切っていいとは申しませんでした。」とやり返すのです。

これが空振りに終われば仕方がありません。あとは捨て台詞のみです。シャイロックが、すでに第三幕第一場で使ってしまった台詞「何もかも（※ユダヤ人は）クリスト教徒とは違うとでも言うのかな？　針でさしてみるかい、われわれの体からは血が出ませんかな？」に続けてこう言います。「血の出ない肉なぞあったらお目にかかりたいもんで。クリスト教徒が食べてる肉が赤いのは、殺す前に赤葡萄酒を飲ませてるせいですかい。はじめから血のない肉とおっしゃれば、それはギリシアの世から半値ということになっておりますすんですよ。血のない肉だったら、私は三千ダカットと引き換えに一ポンドでなくて、倍の二ポンドの肉を要求していたはずです。あなた方クリスト教徒は三千ダカットのうち、一千五百ダカットの詐欺をはたらいたことになるんですぜ。」

ここに至ってようやく、ヘレンの「血と肉」の値段の計算が役に立ち、ポーシャをやり込めることができました。

（1）「アテネのタイモン」 小田島雄志訳 白水社（1983年）
（2）「ヘンリー六世」第一部 小田島雄志訳 白水社（1983年）
（3）「トロイラスとクレシダ」 小田島雄志訳 白水社（1983年））
（4）「ヴェニスの商人」 福田恆存訳 新潮社（1967年）
（5）「アンドロメダ病原体」 マイケル・クライトン 浅倉久志訳 早川書房（1976年）
（6）「法律家シェイクスピア」 小室金之助 新潮社（1989年）
（7）「海の都の物語―ヴェネツィア共和国の一千年」 塩野七生 中央公論社（1980年）
※ 筆者

第三章

遺伝

其の一　血を受ける

「リチャード二世」第一幕第二場。ランカスター公（ジョン・オヴ・ゴーント）は、殺された弟（グロスター公）の夫人と次のようなやりとりをします。

ゴーント「ああ、私とてグロスターとは血を分けた兄弟だ、あなたの嘆きを聞くまでもなく、弟のいのちを無惨にも奪った虐殺者どもへの復讐の念は燃えておる！・・・」

グロスター公爵夫人「・・・ゴーント様、あの人の血はあなたの血です！　あなたを生んだあのベッドが、あの胎《はら》が、あの源が、あの鋳型が、あの人にもいのちを与えたのです。・・・」(1)

「血を受ける」、「血を分ける」などは血縁関係を表現するのに用いられます。しかし、実際には子がじかに血液を親からもらったりはしないので、このような場合の「血」は「遺伝子」のことであると解釈してよいでしょう。遺伝子を構成しているのは、長い鎖状のデオキシリボ核酸（DNA）です。DNAは細胞の核の中にある染色体にあります。ヒトの場合、染色体の数は23対、46本です。精子や卵はそれぞれ父親と母親の対になった染色体のうちの片方に相当するもの、都合23本を受け継ぎます。精子と卵が受精によって合わさりますと、しめて23対、46本となり、それらはすべて両親由来のものでありますから、「血を受けた」ことになりましょう。兄弟・姉妹などの場合、両親から受け継ぐ各染色体の組み合わせが同じになることは滅多にありません。しかし、いずれも親のもの由来であることに変わりはありません。この場合、「血を分けた」関係にあるといえます。

ところで、グロスター公爵夫人が「あの鋳型が」と言っておりますが、これは言い得て妙であります。通常の細胞が増える場合もそうですが、精子や卵をそのおおもとの細胞から作り出す過程でも、DNAを新しく作る必要があります。そのとき、まず二本の鎖のより合わさったDNAは一本ずつにほぐれます。そしてそれぞれの鎖に沿って、今まで合わさっていた鎖と同じものが作られていくのです。この場合「もとのDNA鎖を鋳型としてDNAの複製がおこった」といいます。

ただし、公爵夫人に「鋳型」と言わせているところのものは「mould」です。これは材料を流し込んで型取る器を想定したものだと考えられます。

一方、DNA複製の際の「鋳型」は「template」で、元の意味は作ろうとするものの基準となる型盤ともいうべき、木や金属の薄い板でできたものです。目的とするものは、それに沿って材料をカットしたり穴をあけて作られます。

子は両親のDNAを鋳型にして作られたDNAをそれぞれ半分ずつもらうので、親とは同じではないが、似ていても不思議はありません。

「冬物語」第一幕第二場。シチリア王リオンティーズは息子のマミリアスを前にして次のように言います。

リオンティーズ「・・・おまえとおれは瓜《うり》二つと言われる、女どもがそういうのだ、女はどんなことでも言うからな。だが、たとえ女が染めなおした喪服のように、風や水のように不実であり、他人のものを自分のものにしようと企むやつが使ういかさま骰子《さいころ》のように嘘つきであろうと、この子がおれに似ているということばに嘘はあるまい。おい、小僧、空のように青いその目でおれを見てごらん。

こいつめ！かわいいやつ！おれの血肉！お前の母親が―まさか！・・・」(2)

どうやらこの王様は、息子が自分の子であることは認めているようですが、最後の台詞が穏当ではありません。それもそのはず、彼は貞淑な妻ハーマイオニと、折しも滞在中のボヘミア王ポリクシニーズとの仲を疑っているのです。

やがて、妃ハーマイオニの腹がふくれてまいります。リオンティーズのいらいらはつのります。

第二幕第一場。

リオンティーズ「・・・その子（※マミリアス）をこっちへよこせ。この子に乳を与えたのがおまえでなくてよかった。いくらかはおれに似ているが、おまえの血がまじりすぎている。」

ハーマイオニ「まあ、ご冗談ばっかり。」

リオンティーズ「この子を連れて行け、二度と母親のそばに近づけるな。連れて行かぬか！・・・この女は、いま腹のなかにいる子を慰めの相手にするがいい、それをはらませたのはポリクシニーズなのだから。」(2)

といった具合です。結局、妃は牢に入れられたままで女児を出産します。

第二幕第三場。

リオンティーズ「おれは風の吹くままになる羽根か。この私生児がやがておれの前にひざまずき、お父様と呼ぶ日がくるのを黙って待てというのか。・・・」(2)

というわけで、あわれ姫はパーディタ(永久に失われたものという意味だそうですが)という名を付けられ、捨て子となります。その後、羊飼いに拾われ、美しく育った姫はボヘミアの王子フロリゼルに見初められ、目出度し、めでたしと相成るわけです。しかし、ここらで本題に戻りましょう。この問題は、今なら「DNA指紋」による親子鑑定で、もっと早く丸くおさめることもできたはずです。

ヒトのDNAの約50パーセントは、たくさんの似た単位のものの繰り返しからなっています。そのうちで、比較的小単位の繰り返しのもので変異の激しいものに着目します。これを特殊な酵素を使って切り出し、断片にして電気泳動をします。めざす単位のもののみ検出する方法を用いて、泳動パターンを比べます。もし親子関係が正しければ、子にあるバンドは父または母親のどちらかの側に必ずみられます。

他人の家庭（?）の問題に首を突っ込んでいたら、友人のピーターがいつの間にか現れて、「DNAのほかにRNAというのもありましたね?」と言います。

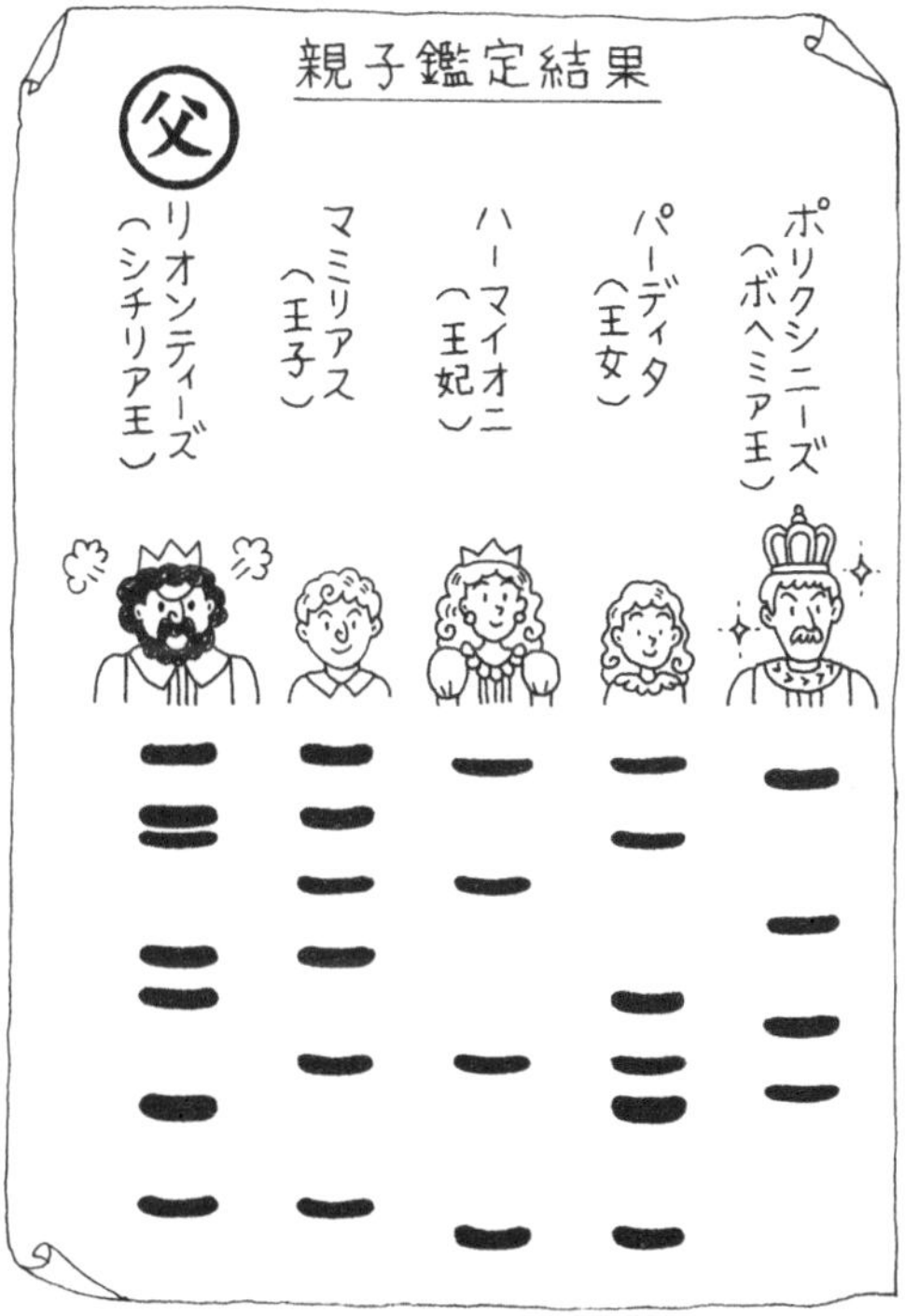

「冬物語」登場人物のDNA指紋。
パーディタのDNA断片のバンドは、母ハーマイオニ、父リオンティーズのもののいずれかに一致するが、ポリクシニーズのものの中に該当するものはない。図はわかりやすくするため簡略化されている。

DNAは先に話題にしましたように、自分を鋳型にして同じものを複製するほかに、その一部を鋳型にしてRNA（リボ核酸）を作るという役目を持っています。そもそもDNAやRNAと呼ばれる核酸は、塩基と糖とリン酸とが単位となったもので構成されています。DNAの場合、塩基はアデニン、チミン、シトシン、グワニンの四種類です。RNAの場合も塩基は四種類ですが、チミンがウラシルに置き換わっています。それに、RNAは通常一本鎖であり、糖はDNAの糖より酸素原子が一つ多いという特徴を持っています。RNAにはいくつかの種類がありますが、そのうち三種類のRNA、すなわち、伝令（messenger）RNA、運搬（transfer）RNA、リボソーム（ribosomal）RNAは、タンパク質を作るための重要な役目を担っています。

「それで、ピーターはRNAに特別な思い入れでもあるんですか？」

「それが大ありなのですよ。」

ピーターは負けず嫌いなので、日本にやってきた当初の苦労話や失敗談は滅多にしません。今日は、脳味噌のDNAの二本鎖が緩んでしまったのか、次のような話をしてくれました。

日本人が電話に出て相手と話を始めると、きまってRNAやDNAのことを話題にすることに気付いたというのです。これは、とんでもない国に来てしまった。まずは、分子生物学の勉強をしておかないとついていけない、と焦ったらしいのです。

しかし、しばらく経って、RNAと聞こえたのは「あのねー」であり、DNAは「それでねー」の後の部分の「でねー」であることがわかった、ということです。

「あのときは、ほっと安堵《あんど》、いや行燈《あんどん》の灯がともりましたよ。」と言って、去って行きました。

（1）「リチャード二世」　小田島雄志訳　白水社（1983年）

（2）「冬物語」　小田島雄志訳　白水社（1983年）

其の二　血を分ける

先に申しましたように、同じ親から生まれた兄弟姉妹の場合、父親と母親からそれぞれ23対の染色体の片方ずつをもらって、再び23対の染色体を持つことになります。このとき、対の染色体の内のどちらを受け継ぐかは、あらかじめ決まってはいません。また厳密にいいますと、対になったものの、まるまる一方を、いつも受け継ぐわけではありません。対になった染色体が分かれるとき、その一部が互いに乗りかわって別の染色体に移ることがあるからです。このように兄弟・姉妹間では遺伝子の組み合わせが同じではないので、似ている度合いもまちまちであります。

ところが、一卵性双生児は受精第一週の末ごろに、本来一つであるはずの、胚を作る細胞のかたまりが二つに分かれて別々に発生するために生じます。したがって、同じ遺伝子を持つことになりますからよく似ているわけです。この場合、性を決定する遺伝子も同じでありますから、生まれてくる子は男・男か女・女の組み合わせのどちらかとなります。一卵性双生児は共通の胎盤で母親につながっているのが特徴です。

一方、二卵性双生児は、はじめから二つの受精卵が別々の胎盤を作って同時的に発生したものです。このように、二卵性の場合は、遺伝子は親からのものに違いはありませんが、その組み合わせは互いに異なります。性別も、男・男、女・女、男・女のいずれかの組み合わせとなります。

シェイクスピアの作品で双生児が扱われているのは、「間違いの喜劇」と「十二夜」です。「間違いの喜劇」には、アンティフォラスとドローミオの二組の双子の兄弟が登場します。船が難破したため、それぞれの双子の片方同士が一緒で、違った環境に育ち、やがて二組が同じ場所に時をたがえて出没することになります。周囲の人々は同じような人物の組み合わせが二組存在することに気付かずに喜劇がおこります。

「間違いの喜劇」第一幕第一場。シラキュースの商人イージオンが双子の子供たちのことを語ります。

イージオン「・・・そこでほどなく妻は、玉のような男の子二人の嬉しい母となりました。二人の子供は不思議としか言いようがないほど瓜二つ、名前でも変えなければ見分けもつかないほどでした。ちょうどそのとき、私たちと同じ宿で、身分のいやしい女がやはりそっくりの男の双児を産みおとしたのです。その両親は極度に貧しかったので、金をやって子供たちをもらい受け、息子たちの召使いにと育てました。・・・」(1)

これら二組の兄弟は一卵性か二卵性か、文面からはわかりません。瓜二つで男・男の組み合わせですから、一卵性双生児であることを否定する材料は見当たりません。

一方、「十二夜」に登場いたしますセバスチャンとヴァイオラの双子は男・女の組み合わせですから、明らかに二卵性双生児であります。しかし、互いにたいへんよく似ているという設定となっております。例によって(?)船が難破して互いに別れ別れとなります。ヴァイオラは男装してイリリアの公爵オーシーノーに仕えます。オーシーノーはオリヴィアという女性に懸想しているのですが、オリヴィアは男装のヴァイオラに、ヴァイオラはオーシーノーに心を寄せていて、恋は一方通行です。ここに男装のヴァイオラそっくりのセバスチャンが現れます。オリヴィアはセバスチャンと結婚し、公爵は女性に戻ったヴァイオラの存在に気付き、もう一つの組み合わせが成立します。

セバスチャンとヴァイオラのそっくりな様子は、二人が再会したとき、居合わせたセバスチャンの友人アントーニオの台詞からうかがえます。

「十二夜」第五幕第一場。

アントーニオ「どうしてあなたは二人になったのです？ 一つのリンゴを二つに割っても、この二人ほど似てはいまい。（※An apple cleft in two, is not more twin than these creatures）どちらがほんとうのセバスチャンです？」(2)

確かに、この台詞は「瓜二つ」であることを伝えております。しかし、一つの「リンゴ」を二つに分けるという表現は、むしろ一卵性双生児にこそふさわしいような気がいたします。「リンゴ」を一卵性双生児にゆずるとしたら、二卵性双生児にはどのような表現がふさわしいかと申しますと、「冬物語」第一幕第二場で、シチリア王リオンチーズが息子に向かって言う台詞がそれです。「けれども皆なが言ふ、卵二つといふほどに似てゐると（※ They say we are almost as like as eggs)。」(3) 卵二つというところが二卵性双生児にぴったりです。

おそらく、ここでいう「卵」はニワトリの卵のたぐいをさしていると考えるのが妥当かもしれません。しかし、何しろシェイクスピアのことですから油断できません。オランダのグラーフ（Regnier de Graaf）が哺乳類で卵をとりまく、卵胞《らんぽう》あるいは濾胞《ろほう》と呼ばれる細胞のかたまりを卵と見誤って発表したのは１６６８年、シェイクスピア没後50年以上経ってからです。哺乳類の本物の卵が輸卵管や卵巣で発見されたのは１８２７年のことです。しかし、それらより前にハーヴィー（１５７８－１６５７）は、著書「動物の発生」（１６５１年刊）に「すべての動物は卵から発生する（Ex ovo omnia)」という有名な言葉を残しております。彼はこの書物を出す以前から、動物の発生の開始や受胎について述べていますので、あるいはシェイクスピア（１５６４－１６１６）の耳目に入ったのかもしれません。

さて、似ているものの引き合いに出される卵と瓜《うり》を見比べておりますと、例によって友人のピーターがやってきて、「卵売りのつもりですか」と言います。それで、だいぶ昔（1950年代）に暁テル子という歌手が歌ったところの「ミネソタの卵売り」というのがあったことを思い出しました。ピーターに、ミネソタは卵の産地か、と尋ねましたが首をかしげるばかりです。彼はオーストラリア生まれですから、我々と同じようにアメリカのことを知らないのは無理もありません。それではと、大リーグ球団ミネソタ・ツインズのことに話題を移します。

ツインズのいわれは、ミネソタの主要都市ミネアポリスとセントポールが双子のように隣り合って並んでいるためであることぐらいは、ピーターも知っております。まさにミネソタは二つの卵そのものであります。そこで、この「ミネソタの卵売り」は州歌としてぴったりではないか、などと他国のことにお節介をやきだします。

「ジョージア　オン　マイ　マインド」はジョージア州の、「テネシーワルツ」はテネシー州の州歌の一つとなっています。ジョージア州の場合はいいとしても、テネシーワルツは「一緒に踊っていた恋人の男性を友人に紹介したら横取りされてしまった」という内容のもので、名曲ではありますが、少しも景気のいいものではありません。それらに比べたら「ミネソタの卵売り」は明るく単純そのものです。州歌がかなわぬものならツインズの球団歌でもいいよ、などと話がはずみます。

するとピーターは我に返って、そういえば、沼の水辺にやってきた羊（jumbuck）を盗んで袋に入れようとしていた放浪男が、騎馬警邏隊《けいらたい》にとがめられて入水自殺したところからは、一緒に旅をしようと誘う幽霊が今も出てくる、という歌詞のウォルツィングマチルダ（Waltzing Matilda）が、母国オーストラリアの国歌の候補にノミネートされたことだってあった、と言います。

このウォルツィングマチルダのストーリーに、少し尾ひれをつけてみましょう。羊を盗んだ男は、あくまで自分の羊を友として旅をしているのだ、とシラをきります。そこで取調べ官は、男にどこから来たかと問います。「北から来た。」と言いますと、来たかチョウさん待ってたホイ、とばかりに、くだんの羊のレントゲン写真をかざして、これが目に入らぬか、と言います。写真には、胃袋に入っている二つの金属片らしき影が写し出されています。「このあたり南西海岸の羊の胃袋には皆これが入っているのだよ。北の羊にはこれがないのだ。」というわけで、男は観念してしまいます。

なぜ胃に金属片が入っているかといいますと、コバルト不足を補うため飼育者が飲み込ませたのです。牧草地がコバルトを含んでいれば、そこで育った草を食べた家畜の腸内細菌がシアノコバラミンという、コバルトを含んだ、体に必要なビタミン（B_{12}）を作ってくれて、家畜はそれを腸から吸収できます。コバルトのない地帯で羊を健康に保つには、コバルトを含んだ金属片を飲み込ませておくことでした。なぜ金属片が二つなのかと申しますと、一つだけだと、すぐに表面が石灰質でおおわれてしまい、コバルトが溶け出さなくなるからです。

二つだと、それらが胃の中でこすり合わされるので、いつもコバルトが供給される、というわけです(4)。

（1）「間違いの喜劇」　小田島雄志訳　白水社（１９８５年）
（2）「十二夜」　小田島雄志訳　白水社（１９８６年）
（3）「冬物語」　坪内逍遥訳　第三書館（２００７年）
（4）Morgan D (ed). Biological Science I, The Web of Life Australian Academy of Science (1967)
※　筆者

第四章

性

其の一　XYの悲喜劇

シェイクスピアは、作品の中に出てくる女性を男装させて、いとも簡単に男として通用させてしまいます。

ブリテン王、シンベリンと彼の先妻との間の娘、イモージェンはその一例です。彼女の夫、ポステュマス・リーオネータスは追放の身でイタリアにおりますが、イモージェンが不義をはたらいたと吹き込まれます。ポステュマスは――かなり短絡的であるとは思いますが――国に残してきた召使いのピザーニオに、イモージェンを殺せと命じます。思いあまったピザーニオは、イモージェンを男装させて逃がします。

「シンベリン」第三幕第四場。

ピザーニオ「では、申しあげます。奥様はまず女であることをお忘れ願います。従順なご態度を命令口調ととりかえ、弱気とかはにかみといったご婦人がたにつきものの性質、と言うよりはむしろご婦人がたそのものである美質を、粗暴な勇気に変え、口も八丁手も八丁、生意気で、無作法で、イタチのように喧嘩っ早くなっていただきます。それに、その美しいお顔もお忘れになり、ああ、口にするだけで胸が痛みますが、やむをえません！　そのお顔を、ところかまわず口づけする太陽にさらさねばなりません。また、女神ジュノーさえ妬《ねた》ませた優雅なお召し物もお忘れになって下さい。」

イモージェン「もっと手っとり早く言って、おまえの言いたいことはわかってきたわ、私はもうなかば男になった気持。」(1)

もう一つ。「十二夜」の主人公で二卵性双生児の一人、ヴァイオラは遭難しているところを助けてくれた船長に次のように頼みます。

「十二夜」第一幕第二場。

ヴァイオラ「・・・あなたはその誠実な見せかけにふさわしい美しい心をおもちのかたと信じます。そこで、お礼はいくらでもします、どうか私が身分をかくし、姿を変えるのに手をかしてちょうだい。うまく変装してこの国の公爵にお仕えしようと思うの。私をお小姓として公爵に推薦して。おほねおりをむだにしないわ、だって私、歌は歌えるし、楽器はいろいろ弾けるし、お小姓役にはもってこいでしょう。その先どうなるかは運命にまかせるほかないわ、あなたが黙っていてくれれば私は運命に負けないわ。」(2)

というわけで、イモージェンもヴァイオラも、さして男っぽい性格の女性であるわけでもないのに、男装して男で通用してしまいます。もっとも、イモージェンは紆余曲折の末、行方不明になっていた実の兄二人、父親、それに過ちを悟った夫とも巡り合い女に戻ります。また、ヴァイオラは、第三章第二節でも取りあげましたが、生き別れになった兄と再会、女に戻って公爵と結婚し、すべて丸くおさまります。

「十二夜」は兄妹がすりかわるところが、「とりかへばや物語」の主人公の場合と似ていることで引き合いに出されます(3)。しかし、「とりかへばや物語」の姉弟はそれぞれ男性的および女性的側面を持っていて、姉が男性、弟が女性として育てられ、宮仕えをしているうちに性的成熟がおこり、姉は女性に、弟は男性に収束していく様子が描かれております。シェイクスピアの「シンベリン」や「十二夜」では、便宜上女性が男として生きているだけですから、精神的、肉体的な男女の違いなどには力点が置かれておりません。

「シンベリン」第三幕第六場。

イモージェン「ああ、男の生活ってなんて気苦労なもの、仮の姿ですっかり疲れてしまった。・・・」(1)

と言わせているぐらいのものです。

さて、男女（雌雄）の違いが生じるのを性分化といいます。もともとsex（性）という言葉はsecusという「分ける」「割る」という意味のラテン語に由来しております。第一段階の性分化——これはかなり決定的なものなのですが——は受精の際に生じます。

ヒトの場合、細胞の核の中には22対の常染色体と1対の性染色体が含まれています。女性の場合この性染色体はXと呼ばれるもので、これが1対あるわけです。ところが男性の場合はXは1本しかなくて、それと対になるべきものはXとは違

どちらが先に行き着くか。
受精の際には文字通り「雌雄を決する」精子の競走が繰りひろげられる。

う形状をしたYと呼ばれる染色体なのです。受精は卵に精子が入り込むことによっておこりますが、受精した卵が22対の常染色体と1対の性染色体という数を維持するためには、卵と精子はあらかじめ染色体の数を半分にしておかなければなりません。そこで、細胞分裂によって卵巣の卵母細胞、精巣の精母細胞からそれぞれ卵と精子ができるとき、対になった染色体が互いに分かれていくことになります。卵の場合は、対になった性染色体はXですからどちらも同じです。精子の方はXを持つかYを持つかですから、違いが生じます。Xを持つ精子が卵と受精すると、Xを二つ持つようになり、これはとりもなおさず女性の細胞ということになります。Yを持つ精子が受精すればXYの組み合わせの性染色体を持つことになり、このタイプは男性の細胞のものです。このように、卵がX型の精子と受精するか、Y型の精子と受精するかで、それぞれ女性、男性へと分化してゆく下地が整います。

「マクベス」第一幕第七場。スコットランド王ダンカンを殺し損《そこ》なうのではないかと懸念しているマクベスに妻がカツを入れます。

マクベス「やり損《そこ》なったら。」

マクベス夫人「やり損《そこ》なう。ただあなたの勇気にねじを廻して、ねじ穴をしめてください。すればやり損《そこ》なうことはありません。ダンカンが眠った時――多分昼間《ま》の旅疲れが眠の国へやすやすと連れ行くに相違ありませんから――二人の侍従をば私が祝いの酒で盛《も》りつぶしてやります。そうすれば、・・・護り手のないダンカンをあなたと私でどうしようと、思いのままではありませんか。私たちのやった大逆の罪は、海綿《かいめん》のような役人たちになすりつけることもできようではありませんか。」

マクベス「男の子ばかりを産むがよいぞ。お前の不敵な気性では男より外のものはこさえられない。・・・」(4)

マクベスは、男まさりのしたたかな妻に舌を巻いて、このように言うのですが、これぱかりは意の如くなりっこありません。マクベス夫人は夫との会話で「私は乳を飲ましたことがありますので、乳を吸う赤ん坊の可愛さは知っております。・・・」などと言っておりますが、その赤ん坊が自分の子であったか、あったとしても男の子であったかどうかわかりません。また、このあとは狂い死にしてしまいますので子を産んでおりません。したがって、「男より外のものはこさえられない」かどうかは知る由もありません。

受精卵はやがて細胞分裂を繰り返しつつ、子宮に着床して胚となって体を形作っていきます。そして、XXの組み合わせの性染色体を持った胚には卵巣が、XYの組み合わせのものには精巣が備わってきます。一般に、ヒトの受精卵の性染色体の組み合わせがXYだと胎児の体に精巣が備わり、XXだと卵巣が備わります。Y

染色体には、精巣を誘導する物質を作るための遺伝子があるからです。

しかし、ヒトの性染色体の組み合わせを調べてみますと、XY型でありながら女性であったり、XX型でも男性であったりする例がまれにみつかります。前者の場合、精巣を誘導するのに必要な遺伝子の欠損がおこっており、後者の例では、それがどの染色体かに紛れ込んでいるためです。問題の遺伝子はSRYと呼ばれております(5)。

これに相当する遺伝子は、ヒト以外の哺乳動物でもみつかっております。体外受精させたマウスの卵に、この遺伝子（マウスではSryと記す）を細い針状の管を使って注入し、それをあらためて子宮に入れてやって、そこに胎盤を作らせ、妊娠・出産させることができました。このようにしてできてきたマウスの仔のなかにXX型でありながら、体内に精巣ができていて、外見も雄の特徴を示すものがいます(6)。

こうしてみると、本来精巣を誘導する遺伝子SRYを備えているY染色体は、常に父親から男の子に伝えられていくものであって、子孫に男子が絶えない限り、

「先祖代々の」Y染色体は命脈を保つことになります。

一方、母親も負けていません。母親のミトコンドリアは、どの世代かで女の子が生まれないという事態が生じない限り、代々女性に受け継がれていきます。

ミトコンドリアは細胞内にある小器官で、ヒトの細胞一個に、数百から数千個のミトコンドリアが含まれています。ミトコンドリアは細胞核と同じように遺伝情報を発するDNAを持っています。ただし、このDNAは核の中にあるDNAに比べて、五から十倍の速度で変異します。

ミトコンドリアはエネルギーを作り出す場として、生きていく上でなくてはならないものですが、今から十から二十億年前、我々の祖先であった生物体に、酸素を利用してエネルギーを得ることができる、ある種の細菌がすみついたことによって、誕生したといわれております(7)。

男性の細胞にも勿論ミトコンドリアがありますから、生殖腺で作られる精子にもミトコンドリアが存在します。しかし、受精によって卵の中に運ばれて存続するはずの精子のミトコンドリアは、巧みに排除されてしまい、卵が保有していたミトコンドリアだけが残ります。

ところで、男性は女性と違ってY染色体という、一本しかない特別の染色体を持っているわけですが、これが仇《あだ》になることもあります。

血管が破れますと出血という現象がおきます。その場合、血を固めて傷口を塞ごうとする手段がとられます。血液を固めるはたらきを担う因子は十二種類あり、それらのはたらき合いにより血液の凝固がおこります。それらの因子のうち第VIII因子と第IX因子を作るための遺伝子はX染色体上にあります。もしもその部位に変異がおこると、X染色体を一つしか持たない男性の場合は血液凝固に差し障りが生じます。これは血友病と呼ばれますが、女性の場合はもう一つのX染色体がありますので、それが正しく機能している限り症状は現れません。しかし、変異のおきた遺伝子を持つX染色体が子孫に受け継がれていきますと、深刻な事態が生じます。

歴史的によく知られた事例は、十九世紀末から二十世紀初頭にかけてヨーロッパ王室に属する男子の血友病の発症です。当時はイギリス、プロシア（ドイツ）、スペイン、ロシアなどの王室の間での婚姻が行われておりました。そのうち、ヴィクトリア女王が持っていたと思われる、血友病を引きおこす遺伝子が子孫に受け継がれて、多くの死亡者を出しました。

（1）「シンベリン」　小田島雄志訳　白水社（１９８３年）

（2）「十二夜」　小田島雄志訳　白水社（１９８６年）

（3）「とりかへばや、男と女」　河合隼雄　新潮社（１９９４年）

（4）「マクベス」　野上豊一郎訳　岩波書店（１９５８年）

（5）Sinclair AH, Berta P, Palmer MS, Hawkins JR, Griffiths BL, Smith MJ, Foster JW, Frischauf AM, Lovell-Badge R, Goodfellow PN. Nature 346, 216-217 (1990)

（6）Vivian N, Goodfellow P, Lovell-Badge R. Nature 351,167-170 (1991)

（7）Sagan LJ. Theor Biol 14, 255-274（1967）

其の二　男性

通常、精巣を持っていれば、男性とみなされることは言うまでもありません。古代ギリシア時代に、男性だけに限られた政治集会に女性が男装して紛れ込むのを防ぐため、会場入口で股間を探って精巣のあるなしを調べた（test した）そうです。精巣のことを testis といいますが、これは「何かを立証するもの」という意味で、ギリシアの故事に由来したものであります。精巣で作られる，雄性ホルモン（androgen）の代表的なものはテストステロン（testosterone）ですが、これにも test が使われています。しかし、精巣（testis）という表現は、学術用語としても使われ、いささか改まった感があります。

その点シェイクスピアの作品では、より直接的です。たとえば、「ウインザーの陽気な女房たち」第一幕第四場。

神父ヒュー・エヴァンスは、スレンダーという男をアン・ページという女性に取りもってくれという内容の手紙を、アンに通じているクイックリーという女性のところへ、スレンダーの召使いシンプルに届けさせます。クイックリーはキーズというフランス人の医者の召使いです。キーズもまたアンに岡惚れしているので、事情を知ったキーズは神父のお節介に烈火のごとく怒ります。

キーズ「おい、猿野郎《さるやろ》(※シンプル)、この手紙、ユー神父へもて行け。(※フランスなまりなので英語が少しおかしいのです。)これ、糞、決闘《けとう》の挑戦状《ちょせんじょ》だ。あたし、公園《こえん》行て、あの男の喉笛かき切てやる、・・・あたし、あの男の二つの玉(※his two stones)切りとてやる、糞、あの男の男が立たなくしてやる。」(1)

精巣や卵巣が本来のその役割を全うするためには、男性は精子を、女性は卵を受精卵に仕立て、さらに発生をとげた胎児とし、それぞれを体の外に出す管を備えなければなりません。妊娠第七週ごろの、胎児の体の中には、将来精巣上体、貯精嚢、輪精管を作り出すウオルフ管と、輪卵管、子宮、膣の一部(上部)になるミュラー管との両方がセットでそろっております。やがて精巣はミュラー管抑制因子と雄性ホルモンを分泌するようになります。ミュラー管抑制因子はミュラー管を退化させます。雄性ホルモンはウオルフ管の発達をうながします。精巣を持たない胎児では、これら二つの物質が分泌されません。そこでミュラー管が残り、ウオルフ管は退化します。このような変化は、妊娠十一週のころに完了します。

ミュラー管やウオルフ管がくっついているところは尿生殖洞と呼ばれる空所で、体の外に通じています。ここから男女いずれも尿道ができます。男性胎児ではこの尿道と輸精管がつながります。その他に尿生殖洞からは前立腺ができてきます。女性胎児では尿道とは別にもう一つ管が分かれてできて下部膣となり、ミュラー管から生じる上部膣とつながります。さらに男性胎児では陰茎と陰嚢が発達してきて、妊娠八ヶ月になると、外見から男女の区別が容易になります。これら男性胎児にみられる変化は雄性ホルモンによって引きおこされ、女性胎児は雄性ホルモンにさらされないので、男性胎児とは外部生殖器官の分化に違いを生じるのです。

しかし精巣があって、そこから雄性ホルモンが出ていても、外部生殖器が女性のものと区別がつかない例も知られています。一般に、ホルモンが作用して効果を現すためには、そのホルモンと結合する受容体がなくてはなりません。雄性ホルモンの受容体を作るための遺伝子はX染色体にあります。これが欠落していたりしますと、男性に特徴的な外部生殖器官が発達せず、逆に膣の一部ができてしまいます。

精巣で分泌される主たる雄性ホルモンは、先に述べましたようにテストステロンという物質です。ところが外部生殖器を男性化するには、胎児のときに分泌されているテストステロン量では不十分なのです。それにもかかわらず男性化がおこるのは、からくりがあるからです。実は、テストステロンはジヒドロテストステロンと呼ばれる、より効き目のあるものに変わってはたらくのです。テストステロンからジヒドロテストステロンに変える酵素がありますが、これを作るための遺伝子に欠損がおこりますと、精巣を持っていても外部生殖器の男性化がみられません。このような例が、ドミニカのある特定の地域にみられました。生まれたときに女の子と思って「蝶よ花よ」と育てるうちに、十二歳位になりますと男の子になってしまうのです。つまり、この頃になりますとテストステロンの分泌量が高まり、それがジヒドロテストステロンに変わらなくても外部生殖器官を男性化できるようになるからです(2)。

さて、生殖腺、生殖輸管、外部生殖器官の分化を終えて生まれてきたあと、男子は精巣が分泌する雄性ホルモンで、女子は卵巣が分泌する発情ホルモン(estrogen)によって、身体のいろいろな箇所で男女の違いを際立たせてきます。

シェイクスピア得意の男装の場面、「ヴェローナの二紳士」第二幕第七場。

プロテュースの友人ヴァレンタインは、ヴェローナを去ってミラノに行き、ミラノ大公の娘シルヴィアと恋仲となります。やがて、プロテュースも父の意向でミラノ行きとなり、あとに残した恋人ジュリアがいるにもかかわらず、シルヴィアに横恋慕します。そうとは知らず、ジュリアはプロテュースを追ってミラノに行こうとして、侍女のルーセッタに相談します。

ルーセッタ「で、どんな身なりでいらっしゃるおつもりです?」

ジュリア「女の姿はしたくないわ、だってみだらな男に言い寄ってこられたらいやだもの。・・・」

ルーセッタ「で、お嬢様、おズボンはどんな形にしましょう?」

ジュリア「・・・お前の好きな形にしてちょうだい、ルーセッタ。」

ルーセッタ「でも、前袋をつけなければなりませんわ。」

ジュリア「ばかねえ、みっともないわ、そんなの。」

ルーセッタ「華やかな前袋をつけてないおズボンは、最初《はな》から見向きもされませんのよ、流行遅れで。」(3)

「前袋」を「巾着《きんちゃく》」と訳している坪内逍遙は、「巾着と訳した原語は codpiece で、留針を刺すためとアガキをよくする為のもの。当時(※15～16世紀)の弄僕《フール》なぞの細袴《ずぼん》には股の間、ちょうど下ッ肚の下あたりに、わざと目立つやうに大きな而も内容を充実させた巾着形の物を縫ひ添へるのが例であった。くはしくは『股巾着』?」(4)と述べております。この世にもし雄性ホルモンがなかったら codpiece のようなものも出現しなかったことでありましょう。この codpiece は、男性外部生殖器、俗に「一物」と言われるものをさすこともありました。

「ロミオとジュリエット」第一幕第一場。

キャピュレット家の「下人」たちの会話は、相当卑猥《ひわい》なものです。そのうちの一人、サムソンにシェイクスピアは「一物」のことを「piece of flesh」と言わせましたが、これに対して相棒のグレゴリには「まあ魚（※fish）でのうて幸せよ。魚じゃ、どうせまず塩ダラってところだろうからな。」(5)とか、「へん、魚《さかな》でのうて幸福《しあはせ》ぢゃわい、汝《おぬし》が魚なら、女たらしでは無うて惣菜《そうざい》の塩大口魚《しほだら》と来てけつかろう。」(6)と返させます。fleshは前にも登場しましたが、人や鳥獣の肉です。原文ではfleshに対してfishという言葉を出してきているのだと思いますが、タラ（cod）という言葉はありません。訳文にタラが出てきたのは、おそらく訳者がcodpieceのcodを意識してのことと思われます。

これに限らず、シェイクスピアの作品には猥談的箇所が結構ありますので、ヘンリエッタ・マライア・バウドラーとトマス・バウドラーの双子の姉弟は1807年に、卑猥な部分を削除した「家庭のためのシェイクスピア」を出版しました。

そして、細菌学者パスツールからpasteurize（滅菌消毒する）という言葉が生まれたように、バウドラーにちなんで「部分的に削除する」という意味のbowdlerizeという言葉が使われるようになったということです(7)。

(1)「ウィンザーの陽気な女房たち」 小田島雄志訳 白水社（1986年）
(2) Imperato-MacGinley JL, Guerrero L, Gauter T, Peterson RE. Science 186,1213-1215（1974）
(3)「ヴェローナの二紳士」 小田島雄志訳 白水社（1983年）
(4)「ベローナの二紳士」 坪内逍遙訳 第三書館（2007年）
(5)「ロミオとジュリエット」中野好夫訳 新潮社（1951年）
(6)「ロミオとヂュリエット」 坪内逍遙訳 第三書館（2007年）
(7)「ベルリッツの世界言葉百科」チャールズ・ベルリッツ 中村保男訳 新潮社（1983年）
※ 筆者

其の三　女性

女子の胎児には、生殖腺の原基から卵巣が分化し、精巣ができてこなかったおかげで、輸卵管や子宮を作るミュラー管が退化せずに残り、さらに女性型の外部生殖器が発達してきます。これで一応将来、子を産み出せる体制が整ったことになります。

シェイクスピアは、胎児が産道のすべてを通過して産まれてこないと「女性から産まれた」と認めないようです。

マクベスは、三人の妖女の予言通り、スコットランド王ダンカンを殺害して王の座につきます。彼は自分の地位を安全なものにしようと、再度妖女たちに相談に行きますが、今度は妖女たちはマクベスを失墜させようと企みます。

「マクベス」第四幕第一場。妖女たちが呼んだ幻影がマクベスに答えます。

第一の幻影「マクベス、マクベス、マクベス。マクダフに気をつけろ。ファイフの領主に気をつけろ。・・・」
・・・
第二の幻影「残酷に、大胆に、思いきってやれ。人間の力を笑え。女から生れた奴は誰一人《ひとり》としてマクベスを害する者はないぞ。」
マクベス「じゃ、生きてろ、マクダフ。貴様を恐れる必要はない。・・・」
・・・
第三の幻影「獅子のような心で、勝ち誇っていろ。誰が憤慨しようと、誰が焦《いら》だとうと、どこに謀叛人《むほんにん》があろうと、気にかけるな。マクベスは決して敗れるということはないぞ。大きなバーナムの森が高いダンシネインの山の方へマクベス目がけて攻めかからない限りは。」

マクベス「そんなことがあるもんか。誰に森の召集ができるか。大地にへばりついた根っこを放せと木に命令できるか。ありがたい預言だ。・・・」(1)

ところが、前王ダンカンの王子マルカムを擁して、マクベスを討つべく攻めてきた軍勢は、パーナムの森で小枝を切って身に付け、カムフラージュして進むことにします。すなわち、マクベスから見るとバーナムの森が彼の居城ダンシネインに向かって動いていることになります。それでもマクベスは、もう一つの予言の方を頼りに戦おうとします。

第五幕第八場。

マクベス「骨折損だぞ。貴様におれが易易《やすやす》と斬れるなら、その鋭い剣で手ごたえのない空気に迹《あと》を附けることもできるだろう。その刃《は》は傷のつく鳥冠《とさか》を探《さが》して斬りつけたがいい。おれの命には魔法がかかっていて、女から生れた奴の手にはかからないのだぞ。（※I bear a charmed life, which must not yield to one of woman born）」

マクダフ「その魔法はあきらめろ。・・・マクダフはおふくろの腹を切り裂いて生れぬ先に出て来たんだ。（※Macdaff was from his mother's womb untimely ripp'd）」(1)

マクダフは、帝王切開（Caesarean section）で産まれてきたのでした。このような産まれ方を「女から産まれた」としないのは、いささかペテンではあります。

しかし、マクベスはこれで大ショックを受け、敗れてしまいます。

ちなみに「帝王切開」という言葉のもとはラテン語の「Sectio caesarea」です。分娩時に妊婦が死んだときは、切開して胎児を取り出すことを決めた法律として遺児法（Lex caesarea）というのがあり、caesarea にも sectio にも「切る」という意味が含まれていて、「帝王」を意味する言葉が見当たりません。これは caesarea という語が、ジュリアス・シーザー（Gaius Julius Caesar）のことを連想させたための誤訳であったらしいのです。しかし、ややこしいことに Caesar という家名は Julius 氏族から切り離された「分家」を示すものだそうで、ジュリアス・シーザーをこの手術法から「切り離す」ことがなかなかできません。

マクベスに戻りますと、シェイクスピアは、子宮（womb）と女性（woman）をはっきり区別しているわけですが、語源からもこの二つの言葉は似ているようで実はまったく関連がなさそうです。womb は「腹」を意味する言葉でオランダ語の warm、ドイツ語の Wamme に相当します。一方 woman は、古い英語では wifman である、と第一章第二節で述べましたが、wif はオランダ語の wiif、ドイツ語のWeibにあたり、「女」を意味します(2)。

それにしてもwombというのは綴りも発音もいささか奇妙に感じられます。語尾にombの付くのを書き出してみました。bomb(爆弾)、comb(櫛)、tomb(墓穴)それに前出womb(子宮)の四つです。書き出した語群を眺めていると、例によって友人のピーターが顔を出しました。この四語に共通な点があるか考えたことがあるか？「ノー。」これら四つのものはみな内部に空間を持っている。爆弾は内部に火薬を入れるところがある。bombがドラムを意味するbomboの仲間ならなおさらだ。combは蜂の巣穴のこともさす。蜂の巣を縦に薄切りにしてみれば櫛に見えるではないか。墓穴と子宮はいずれも人を収容する空間がある。

ピーターは、「なるほど。」と言うだけです。

こちらはちょいとした発見だと思ったのに、ピーターは母国語のことだとあまり気乗りしないようです。そこで、語尾を変えた日本語で釣ってみました。

「日本語で『ンマ』を語尾に持つ語を言ってみてくれないか？」

「さんま、とんま、おんま(馬)……それに、αβγ《アルファベータガンマ》のガンマはだめか？」

堀口大學の詩集「夕《ゆうべ》の虹」に「数へうた」というのがあります(3)。

うそを数へて　ほんまどす（中略）
ととを数へて　さんまどす
とんぼを数へて　やんまどす
まぬけを数へて　とんまどす
くとうを数へて　コンマどす
したを数へて　エンマどす

これには「たんま」や「おんま」はなかったと思いますが、

ごもくを数えて　たんまどす
オッズを数えて　おんまどす
放射線を数えて　ガンマどす

というところでしょう。

ピーターは、「わかり申した。」と言って、今度は紙の上に無言で、

月を数えて　womb です

白髪数えて　comb です
年を数えて　tomb です
秒を数えて　bomb です

と書いて消えました。womb以外は、かなりブルーにしてブラックであります。

さて、マクベスに勝ったマクダフは早産であったわけですが、逆にリチャード三世はかなり長く母親の胎内にいたようです。一般にリチャード三世は奸智にたけ、極悪非道の王――これには異論もあって、ミステリー仕立て（4）になったりしていますが――ということになっております。

「ヘンリー六世」第三部、第五幕第六場。ロンドン塔に幽閉されているヘンリー六世は彼を殺しにきたリチャードに向かって言います。

ヘンリー六世「・・・おまえが生まれたときフクロウが鳴いた、不吉な前兆だ、夜鳴き鳥が騒いだ、不幸な時節到来の予告だ、・・・おまえの母親は並みはずれた産みの苦しみを味わった、その結果生まれた子供は母親の期待を並みはずれて裏切り、あのようなりっぱな木になる果実とはとうてい思えぬ不格好な、醜い、肉のかたまりであった。おまえが生まれたときすでに歯は生えそろっていた、世の人々を噛み殺すために生まれて来たしるしだ、・・・」(5)

分娩は子宮の筋肉が収縮すること(陣痛)によっておこります。子宮筋を収縮させる物質はプロスタグランディンです。一方でこの物質は、骨盤のじん帯をゆるめて産道が広がるようにするリラキシンの分泌をうながします。動物実験でプロスタグランディンを作る酵素のはたらきを抑える薬物を投与すると、妊娠期間がのびます。妊娠末期にプロスタグランディンの生産が高まるのは、この時期に副腎皮質ホルモンの分泌が高まり、これが胎盤に作用して発情ホルモンという別のホルモンの合成にかかわる酵素のはたらきを高め、その結果増えた発情ホルモンが、プロスタグランディンの合成酵素の活性を上昇させるからです。

少しややこしいですが、このことは多分、リチャード三世のころでも変わりなかったはずです。

（1）「マクベス」　野上豊一郎訳　岩波書店（1958年）
（2）「英語の語源」　渡部昇一　講談社（1977年）
（3）「夕べの虹（堀口大學全集）」　堀口大學　小沢書店（1982年）
（4）「時の娘」　ジョセフィン・テイ　小泉喜美子訳　早川書房（1977年）
（5）「ヘンリー六世」第三部　小田島雄志訳　白水社（1983年）
※　筆者

一生

人の一生をよく「ゆりかごから墓場まで＝from the cradle to the grave」と表現する。人はいつ生まれたかは知っていても、いつ死ぬかは知らない。知ってしまうと、「生きる」の志村喬扮する役所勤めの主人公のように、寸暇を惜しんで生きるようになる。

しかし、どんなにのんびりしている者でも、40歳になれば人生のなかばに来たと悟らざるを得ない。ところが、ゆりかごやハナたれ小僧の時期は、能動的に生きているわけではない。だから、この期間を差し引くと、40歳といえどもまだなかばに達していない、などと都合よく考えて安心している者もいる。

他に一生をあらわす言葉としては「from womb（子宮）to tomb（墓）」や「from sperm（精子）to worm（地虫）」がある。この二つの言葉は「ウエストサイド物語」の中で、ジェット団のリーダーと、以前そのグループに属していたことのある主人公との間の合言葉としても使われていた。

これだと、人生のスタートは胎児（子宮の中）や精子のときということになるから、ゆりかご期よりも前にさかのぼることになる。これらの言葉は、韻を踏んでいて調子はよいが、終点は墓穴や地虫で、いずれにしても気持ちのよいものではない。

「アマデウス」と「ボディー・ダブル」では、ともに締めくくりの場面に墓穴が登場する。

前者の場合モーツァルトの死体が布袋に入れられ、無造作に共同の墓穴に投げ込まれ、申し訳程度に石灰をかけられ、野ざらしにされる。この場面は見ている者に強烈な衝撃を与える。

後者の場合は、閉所恐怖症の主人公が、殺人犯により墓穴に入れられて生き埋めにされようとするが、ショックのあまり恐怖症が治って、逆に相手を倒してしまう。自信を取り戻した主人公は仕事に復帰して幸福そうだ。いずれもう一度、墓穴に入り直さなければならないというのに…。

其の四　性の決定

第二節でも触れましたが、性分化の第一歩は、Y染色体にある精巣を誘導する因子を作るための遺伝子が発現することです。その因子によって、胎児の体内に精巣が作られると、そこから分泌されるミュラー管抑制因子や雄性ホルモンのはたらきで次々と男子に特徴的な体の構造が作られてきます。逆にY染色体がなければ精巣はできずに卵巣ができ、女子に特有な体の構造がみられるようになります。このように男女のうち、原型は女性で、男性はそれに種々の因子がはたらきかけて形作られるといえます。

ところが、旧約聖書ではその逆です。

神がまず男を土くれから造ったといいます。しかし、この男（アダム）は何となくさびしげであったので、神は「ふさわしい助け手」を造ってやろうということになりました。そこで、神はアダムを深く眠らせ、眠っているアダムのあばら

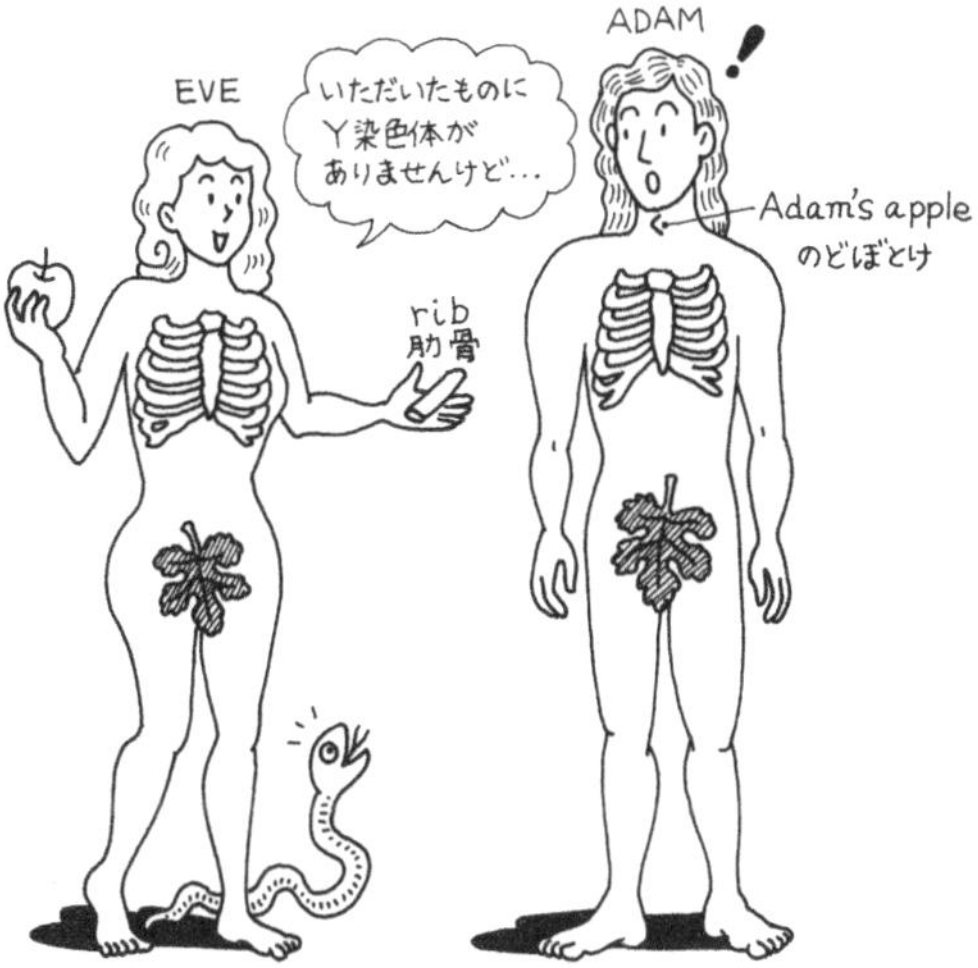

Yの行方。

骨一本を取って女（イヴ）を造ったことになっております。それ故、女は男の分身ということになります。

女性を造ったというあばら骨は英語でribで、解放を意味するliberationの略はlibです。アール（r）とエル（l）の発音に加えて、表記にも「寛容」な日本ではどちらもリブと書きます。1960年代後半にアメリカ合衆国で始まり、世界中に広がった女性差別撤廃を求める女性解放運動は、日本で「ウーマンリブ」と呼ばれました。

正式には「women's liberation」ですが、これによって、１９７９年に国連で「女子差別撤廃条約」が採択されました。日本でも「ウーマンリブ大会」が１９７０年に東京で開かれました。

前置きが長くなりましたが、そのころ「ウーマンリブ」という言葉を聞くたびに、libでなくてもribでも通用するのではないかと思いました。「女性は男の肋骨ではなくて、自分の肋骨を持った対等の存在である」と主張できるからです。

メシーナの知事レオナートーの姪ベアトリスは機知縦横な娘、一筋縄では男のいいなりになるようなたまではありません。

「空騒ぎ」第二幕第一場。

レオナートー「まあ、よい、ベアトリス、いずれお前も似合いの夫を持つ事もあろう。」

ベアトリス「いいえ、ございません、神様が土以外のもので男をお拵《こしら》えになるまでは。女にとっては随分情けない事だとお思いになりません、雄々しき土砂の塊《かたまり》に頭を押えられたり、一塊の我がままな粘土に一生を任せ切りにしたりするのは？　いいえ叔父様、私は夫を持ちません、アダムの息子達は私の兄弟です、兄弟と縁を結ぶのは恐ろしい罪、心底からそう思っているのですもの。」（1）

神様はヒトを造る前に蟲《むし》やけものを造っていて、すでにエデンの園には繁殖によって相当数が増えていた様子なのですが、これらのヒト以外の動物の雄雌をどうやって造ったのか、残念ながら知る術がありません。

これまでヒトを中心に話を進めてきたため、雌雄は受精の際に、卵にY染色体を持った精子が入り込むか、X染色体を持った精子が進入するかで決まると申してきましたが、実は性決定の様式は動物によって必ずしも同じではありません。脊椎動物の中でも、ヒトを含む哺乳類や魚類は、雌がXを二つ持っていて、雄がXとYの異なる性染色体を持っているタイプですが、鳥類では雌が互いに異なる性染色体（ZとW）を備えていて、雄は同じ性染色体を二つ（ZとZ）持ちますので、受精前の卵はZを持つかWを持つかです。両生類は、種によって哺乳類タイプと鳥類タイプに分かれます。

興味深いのは爬虫類です。多くの爬虫類は、卵の孵化温度によって雌雄が決まります。その研究の先鞭をつけたのは、フランスの生物学者マドレーヌ・シャルニエ（Madeleine Charnier）です(2)。

その後、多くの研究者が爬虫類の温度依存型性決定の問題に取り組むようになり、いろいろな事実が明らかになりました。例えば、チズガメの卵が日の当たる河原に産みつけられると、孵化して出てくるのは雌ばかりです。草の茂る涼しい日陰で孵化すると雄が産まれてきます。実験室では孵卵温度を高くしたり低くしたりすることで、性分化を調節できるのです。ヒョウモンヤモリの場合は低温で雌、高温で高率に雄が産まれます。ところが、中間の温度や高温下でも雌になってしまった個体は不妊で、同性に対し雄の性行動を示します。

一般にカメは高温で雌、低温で雄が発生し、ワニやトカゲではその逆です。しかし、ヘビの場合は性比が孵化温度に左右されません。孵化温度で性決定がおこる種では、性染色体に雌雄で差がみられません。ヘビにはトリと同じタイプの、雌雄で異なる性染色体がみられます(3)。

このような発見は、新たな恐竜絶滅説を生みました。爬虫類に属する恐竜もまた、性決定が孵化温度に依存するならば、気温低下によって性比が極端になり、絶滅に向かった、という説です⑷。

聖書の話に戻りますと、神様はイヴを造るためにずいぶん大胆な実験をしたわけです。このとき「アダムを深く眠らせた」というのは、「生命倫理」の面から深い意味があります。現在では、「実験動物に不必要な苦痛を与えること」は禁じられております。この点で神様が麻酔をかけずにアダムに手術を施してしまったのでは、示しがつかないことになるところでした。

もう少し聖書にそって話を進めますと、神様によって造られた男女は、禁じられていた例の果実を食べてしまったので罰を受けます。男は一生苦しみ働いて食物を得なければならないし、女は苦しみを味わって子を産まなければならないことになりました。

シェイクスピアの作品にも、相当な産みの苦しみに合わされた女性が登場します。ペンタポリスの王サイモニディーズの王女セーザは、わけあって亡命中のツロの領主ペリクリーズと結婚し、妊娠します。やがてペリクリーズは、情勢が好転してツロに戻って王となるため、妻をともなって船に乗ります。しかし、例によって（?）海が荒れ、セーザは産気づいてしまいます。

「ペリクリーズ」第三幕第一場。

ペリクリーズ「大海原を支配する神よ、天国も地獄も洗い流そうとするこの大波を叱りつけてくれ！・・・ああ、安産の女神ルーシナよ、夜に叫ぶ女どもをいたわり助ける守り神よ、木の葉のように波に舞うこの船を訪れ、一刻も早く、わが妃の陣痛の苦しみを終わらせてくれ！・・・」

リコリダ（※乳母）「このいとけないお子様には、この世はあまりにもひどすぎます。物心がおありなら、いまの私と同じように死にたいとお思いでしょう。さ、お抱きください、この亡きお妃様の忘れ形見を。」

ペリクリーズ「なに、なんと言った、リコリダ？」

リコリダ「どうかご辛抱を。涙と溜息で嵐を助けることはありません。お妃様がこの世に残されたのは、このかわいらしいお姫様だけです。・・・」(5)

というわけで、妃は死んでしまったと思いきや実は仮死状態でありました。しかし、ペリクリーズはそうとは露知らず妻を密閉した箱に入れて海に葬ってしまいます。産まれた子（マリーナ）は長旅に耐えられないという理由で途中、タルソの大守クリーオンにあずけられます。

時が経ち、セーザは助けられたエペソスで巫女となり、成長したマリーナはクリーオンの妻の嫉妬に合い、殺されそうになり、次いで海賊につかまり、女郎屋に売られ…といった揚句、親子三人巡り合いハッピーエンドとなります。

一方、女性が妊娠し、子供を産むまでは他の生命を体内に宿しているという状態を利用して、火あぶりの刑から助かろうとしたのは「ヘンリー六世」に登場するジャンヌ・ダルクです。彼女がはたしてそんな女々しい（？）態度をとったかどうかはわかりません。しかしシェイクスピアは、イギリスサイドから書いていますので、フランス憎けりゃジャンヌまで、というわけでありましょう。

「ヘンリー六世」第一部、第五幕第四場。

ヨーク「女を引っ立てろ、こいつは長生きしすぎたのだ、これ以上世のなかに害毒を流させておくわけにはいかぬ。」
乙女（※ジャンヌ・ダルク）「その前に言っておきたい、おまえがいまどういう女に宣告をくだしたのか。私は卑しい羊飼いの娘ではない。代々の王を生み出してきた尊い血筋につながるものだ。・・・他人が得ている神の恩寵を自分が得ていないために、この世において驚くべき奇蹟をなしとげるには悪魔どもの助けを借りるほかはない、と即断する。大間違いだ、濡衣《ぬれぎぬ》を着せられたジャンヌ・ダルクは、頑是《がんぜ》ない幼子《おさなご》のころそのままに、心のすみまで清らかで一点の曇りも知らぬ処女なのだ。その乙女の血は、こうして無惨に流されるのを恨み、天国の入口で、復讐したまえ、と叫ぶことだろう。」

このように、ジャンヌ・ダルクに大演説をうたせ、処女だと言わせておいて次の場面でおとしめます。
ヨーク「よしよし。さあ、女を刑場に引っ立てろ。」
・・・
乙女「なんとしてもその非情な心を変えないのか？　ではやむをえない、ジャンヌはその弱味をあかし、法律が保証する特権に訴えるとしよう。実は私は身ごもっているのだ、いくらおまえたちが残忍な人殺しでも、おなかの子まで殺すことは許されぬ、・・・」
ヨーク「これは驚いた！子をはらんだ聖処女か！」
ウォーリック「これこそおまえのなした最高の奇蹟だ！きびしく戒律を守った結果がこうなるのか？」
ヨーク「こいつはシャルル（※皇太子）とよろしくやっていたからな。最後の口実がこうなるだろうと想像はしておった。」
ウォーリック「甘く見るなよ、私生児など生かしておくか、特にシャルルが生ませた子となればなおさらだ。」
乙女「それは誤解だ、おなかの子はシャルルの子ではない。アランソン（※公爵）だったのだ、私の愛をかち得たのは。」
ヨーク「アランソン、あの悪名高いマキャヴェリ野郎か！あいつの子なら一千のいのちがあっても生かしておけぬ。」

乙女「いや、悪かった、いま言ったのは嘘だ、シャルルでもなく、アランソン公爵でもなく、ナポリ王レニエだったのだ、私が心を許したのは。」
ウォーリック「女房もちか！　こいつはますますがまんができぬ。」(6)といった調子で、ジャンヌ・ダルクを往生際の悪い嘘つき女に仕立てております。

ジャンヌのもくろんだ延命策に似た手口は、イタリアのオムニバス映画「昨日・今日・明日」でも使われております。その第一話に出てくる女主人公（ソフィア・ローレン）は、「妊娠中および出産後半年は逮捕されない」という法律をたてにとって、闇商売で一家を養っています。

彼女が常時娑婆《しゃば》にあって悪事（？）を重ねるためには、出産したらまた半年以内に妊娠していなければなりません。そこで亭主（マルチェロ・マストロヤンニ）は、アダムとイヴのせいで神様から与えられた「苦しみ働いて食物を得なければならない」男の役をしないかわりに、女房を常時、妊娠、哺乳状態にしておくために喜劇的奮闘を強いられるわけです。

この女性以上にタフなのはカンガルーの雌です。何しろ、子宮の中には受精卵を宿し、同時に腹の袋に他の動物なら胎児に相当する仔が乳首をくわえていて、さらに袋から出ても乳を吸いに来る仔も養っているのです(7)。

（1）「空騒ぎ」　福田恒存訳　新潮社（１９７２年）
（2）Charnier M. CR. Sceances Sociol Fil. 160, 620-622（1966）
（3）Bull JJ. Evolution of sex-determining mechanisms Benjamin/Cummings（1983）
（4）Head GM, Pendleton L. Nature 329, 198-199（1989）
（5）「ペリクリーズ」　小田島雄志訳　白水社（１９８３年）
（6）「ヘンリー六世」　小田島雄志訳　白水社（１９８３年）
（7）Austin CR, Short RV(eds). Reproduction in Mammals 4, Reproductive Patterns Cambridge University Press（1974）

※　筆者

其の五　脳の性分化

ここまで、どのような仕組みで男女・雌雄の区別がつくようになるか（分化する）を取りあげてまいりました。生殖腺の分化に始まり、生殖輸管や外部生殖器官の分化までできまして、その締めくくりは「脳の性分化」です。

いうまでもなく、脳は我々の生存にかかわる大切な器官で、頭蓋骨の中に収まっております。その脳の下にある「トルコ鞍」と呼ばれる骨の上に収まっている器官は脳下垂体で、体のはたらきを調節する種々のホルモンを作る重要な器官です。

それらのホルモンの中に、黄体形成ホルモン（LH）と呼ばれるホルモンがあります。LHは、精巣の間質細胞にはたらきかけて雄性ホルモンを分泌させます。雄性ホルモンは前にも触れましたように、雄の生殖器官を発達させ、雄を特徴づける、いわゆる二次性徴の発達をうながします。ヒトの髭はその一例です。ヒトでは思春期のころから雄性ホルモンの分泌が高まってきて、髭が目立つようになります。幼さと髭の量は必ずしも比例するとは限りませんが、シェイクスピアの作品の中には髭の量に言及する場面がけっこう出てまいります。

「アントニーとクレオパトラ」第一幕第一場。

オクティヴィアヌス・シーザーとともにローマの執政官になったアントニーは、妻ファルヴィアがいるのにクレオパトラに入れあげており、ローマからの使者に対して素っ気ない応対をします。

侍者「ただ今、情報がローマよりはいりましてございます。」

アントニー「うるさい！要領だけ言え。」

クレオパトラ「そう言わずに、会ってあげなさい、アントニー。もしかするとファルヴィアが怒《おこ》っているのかもしれない。・・・あのろくにひげも生えそろわぬシーザーが、権力を笠《かさ》に着て、何か命令を言ってよこすということもありましょう、・・・」（1）

「トロイラスとクレシダ」第一幕第二場。

トロイの王子の一人であるトロイラスは、ギリシア側に寝返ったトロイの神官の娘クレシダに懸想《けそう》しております。クレシダの叔父のパンダラスはその仲を取り持とうとして、しきりに姪の前でトロイラスの噂をして、トロイラスのことを意識させようとします。

パンダラス「誓ってもいいが、ヘレンはパリス以上にトロイラスを愛しておられるらしい。」

クレシダ「とすればあのかたは浮気なギリシア女の名に恥じないってわけね。」

パンダラス「いや、冗談ではない、本気で愛しておられるのだ。こないだもヘレンは丸い出窓に立っているあの人のところに、引き寄せられるように近づいていかれた、まだ顎鬚が三、四本（※three or four hairs on his chin）しか生えてないトロイラスのところにだ。」(2)

パンダラスは髭の数を三、四本と、だいぶ少なめに言っておりますが、実際にはもっと生えているようです。

同じく第一幕第二場。

クレシダ「なんでそんなに大笑いになったの?」

パンダラス「ヘレンがトロイラスの顎に見つけた白い毛のことでだ。」
クレシダ「青くさい毛でもあったら私だって笑ったでしょうけど。」
パンダラス「その毛のことより、あの人の返事がおかしかったので笑ったのだ。」
クレシダ「返事って？」
パンダラス「『まあ、あなたの顎に髭が五十二本しかないのに、そのうちの一本は白いわ』」
クレシダ「とヘレンがおっしゃったのね。」
パンダラス「そのとおり、おっしゃるまでもない。するとトロイラスは、『その白い毛は父プライアム王、残りはその息子たち、数はぴったり合っています』と言われた。そこでヘレンが、『じゃあどれが私の夫パリスなの？』と聞かれたら、トロイラスの返事はこうだったのだ、『ちぢれたのがあるでしょう、浮気な妻に妬《や》きもちやいてちぢれたのが』そこで満場爆笑だ、ヘレンは真赤になり、パリスはカッカして、ほかのものは大笑いだ、いやもう、なんとも言えなかった

ね。」(2)

それにしても、トロイのプライアム王は、息子だけでも五十一人いるわけで、驚くべき繁殖力の持ち主です。

雄性ホルモンは髭ばかりでなく、陰毛の発生・発育をうながします。これは男子ばかりでなく女子にもおこる現象です。女子には精巣がないのに雄性ホルモンがどこで作られるかと申しますと、副腎皮質や卵巣であります。卵巣は主としてエストラジオールという発情ホルモンを分泌するのですが、このホルモンは雄性ホルモンであるテストステロンから作られます。この中間物質であるテストステロンも少量ながら分泌されます。女子の場合は、男子の雄性ホルモンの血液中の濃度に比べるとかなり低いですが、陰毛を誘導するには十分らしいのです。

このように雄性ホルモンが血液中に放出されて体中を巡っているのに、決まったところにしか毛が生えてこないのは、ホルモンに対してどの細胞でも反応するわけではないからです。反応する細胞はホルモンと結合する受容体を備えていなければなりません。ホルモンの効果は、一般にホルモンの濃度と受容体の数、それにホルモンに対する受容体の親和性によって左右されます。思春期には、雄性ホルモンの効果が現れるような条件が整った、というべきでしょう。

ホルモンとその受容体の関係は、雄性ホルモン以外のホルモンについてもいえることです。ただし、雄性ホルモンの場合はその受容体が細胞の内部にある核の中に存在します。一方、ある種のホルモンの受容体は細胞膜上に備わっております。それぞれのホルモンが、どちらのタイプの受容体を経由して効果を発揮するかは、ホルモンが細胞膜や核膜を通過できるかどうかで決まっているようです。一般に膜を通過しにくいホルモンは細胞膜に受容体があり、通過しやすいホルモンは核内に受容体を持っています。後者の場合はときとして核の中まで入らずに、細胞膜のレベルで受容体に結合して効果を示すことも知られています。

それにしても、陰毛は恥毛とも呼ばれ、両者とも「日陰の存在」的イメージがつきまといます。英語の pubic hair やフランス語の poil pubien には、陰や恥を意味する語が入っていません。ところがドイツ語は Schamhaar で、Scham がまさに「恥じらい」を意味します。恥毛の方はこのあたりに由来するのかもしれません。一方、pubic や pubien はラテン語の、「成熟した」、「大人になった」という意味の puber とか、「成人であること」を意味する pubertas からのものです。

昔の話で真偽のほどはわかりませんが、ある出版社の人が校正をしていて、pubic という語に遭遇したとき「l」が欠落していると思い込み、public にしてしまったということです。しかし、この人には先見の明があったともいえます。今や pubic hair は、「おおやけ」のものであってもおかしくない時代にはなりました。英語の puberty という言葉も前記のラテン語が基になっていますが、この言葉は、日本語にすると、一転して「思春期」という優雅な（?）表現に変わります。しかし学術的には、春機発動期という無機的な言葉が使われます。

シェイクスピアの作品の中で、puberty という言葉はみつかりません。強いてそれに近い言葉をさがしますと、ハムレットに出てくる、flaming youth（燃えさかる青春の血）かもしれません。

「ハムレット」第三幕第四場。

ハムレットは父を殺害した叔父と結婚した母、ガートルードをなじります。

ハムレット「ごらんなさい、この絵を、それからこれを、二人の兄弟の絵姿だ。どうです、このお顔に宿る気品は、・・・これがあなたの夫であった人だ。こちらはどうです、あなたのいまの夫、かびの生えた麦の穂のようにすこやかなその兄までも枯らしたやつだ。あなたには目があるのですか？美しい山の草地をすてこの泥沼に餌をあさるとは？・・・ああ、羞恥心はどこへ消えた？忌まわしい情欲がいい年をした女の血をさわがせるものなら、燃えさかる青春の血には、つつしみなど蠟も同然、たちまちとけてしまうだろう。若さの情念が火と燃えるのは恥ではない、冷たいはずの霜まで燃え、理性が情欲の取り持ち役をつとめるのだから。」(3)

友人のピーターが「暑い、暑い」と言いながら顔を出しました。少しからかってやろうと思って、「そんなとき、芭蕉はどうしたか知っているか。」と聞きますと、「多分、蝉の声でも聞いて心頭を滅却したのでしょう。」と答えます。

そこで、「『古池や　蛙《かわず》飛び込む　水の音』を詠んだのです。」と言いますと、首をかしげました。

あれは実は、「古い毛や　買わず飛び込む　水の音」なのです。暑い夏の日、芭蕉はたまらなくなって、水着を買う暇もあらばこそ、衝動的に近くの池にバショ！と音を立てて飛び込んだ。浅い池ですから立ち上がれば　陰毛から水が滴り落ちて、ポタリ、ポタリという音がします。芭蕉は年をとり、物質代謝の速度が落ちて、毛の抜け替わりも遅いので、毛も古いのです。

この解釈に、馬鹿らしいという表情を顔に浮かべながらも、今日のピーターはいささか挑戦的です。

「もっと学術的で、ためになることを話してくださいよ。」

「それでは陰毛痒いかゆい、の話でいきましょう。」

「何ですかまた、あまりに格調が低すぎやしませんか？」

「話の出だしはそうですが、結論としては、天網恢々疎《てんもうかいかいそ》にして漏《も》らさず、と言いたかったのです。悪さばかりしているシラミの素性が徹底的に調べあげられた、という話です。」

「陰毛はわかりますが、天網とは何ですか？」

「天の網は目が粗いけれども悪事をはたらいたものを見逃さない、神様は見てるぞー、です。まったく世の中、そうあらまほしいですよ。ヒトにとりつくシラミは三種類、すなわち頭ジラミ、衣ジラミ、毛ジラミです。他の種では一種類のシラミしかすみついていないのに、ヒトは三種類も飼っているのはなぜかという疑問を解くための手掛かりとして、これらのシラミたちの遺伝子を調べた人がいます(4)。それに加えて、チンパンジーとゴリラに付いてるシラミの遺伝子も調べました。」

「なるほど、これがまさにシラミ潰しに調べる、ということですね。」

「これらのシラミの遺伝子を調べてわかったことは、チンパンジーのシラミとヒトの頭ジラミは近縁で、遺伝子の変異の速度から推定しますと、約六百万年前に分かれたらしいのです。ヒトは体毛をだんだんなくしていって、シラミは頭の孤島で暮らすようになったのです。しかし、のちにヒトは繊維製の衣をまとうようになり、すかさずその繊維の隙間に入り込んだ、冒険心の強い（？）頭ジラミが出現しました。衣に移住した頭ジラミは、本家のシラミとは分かれて独自に進化していったのです。これは、十一万年前のことらしいのです。」

「それで、毛ジラミの方はどうなっているのですか？」

「これが実に奇々怪々なのです。ヒトは頭以外のところに毛がなくなったといっても、陰毛はあったはずですが、何故か頭ジラミはそこにはすみつかなかったのです。よほど頭ジラミは陰毛が苦手らしいのです。これは温度のせいかもしれませんが、むしろ毛ざわりの問題かもしれません。なにしろ彼らは足で毛につかまっているので、毛の太さや、毛と毛の間隔、それにさわり心地に好みがあっても不思議ではないからです。そしてここに移住してきたのは、ヒトの陰毛環境を気に入ったらしい、当時ゴリラにとりついていたシラミです。このゴリラシラミの不法入国事件は、三百三十万年以前におこっている、しかし、どういう経緯でゴリラからヒトに移ってきたかは五里《ごり》霧中ということです。」

「知らぬこととは申せ、シラミも苦労しておりますねー。」と言って、席を立とうとします。

「ピーターよ、こちらに喋るだけしゃべらせておいて、帰ってしまうという法はないでしょう。まだ夜も白《しら》み、というほどの時刻ではありません。」

「では、お次は何でしょう。」

「次は、puberty（思春期）イコール pubic hair（陰毛）の公式が、すでに万葉集に登場しているという話です。」

「伺おうじゃございませんか。」

石《いわ》ばしる、垂水《たるみ》の上の　早蕨《さわらび》の
萌え出づる春に　なりにけるかも　　志貴皇子
「冒頭の、いわばしるは、言わば知るで、こう言えばわかってくれるかな、諸君！です。垂水は、水の排出器官で、その上の部分に、早蕨が萌え出ずるわけですから、これは pubic hair が生えてきたということで、春になりにけるかも、すなわち puberty が到来した、という喜びを詠ったことは自明です。」

ピーターも負けじと、「いわばしるは、情報をちゃんと流してくれれば、こちらも知り得たはずだ、ということです。どこがか？というと、現地の某大使館。ところが、もうすぐクリスマス休暇だ！などとすっかり弛《たる》んでしまっているところに、サハラ砂漠に面するチュニジアで反政府デモの火の手が上がる始末。これが、たるみの上のさわらびの。どう対応すべきか決めかねているうちに春になり、次々と近隣諸国に運動が波及していった、というのが、もえ出ずる春ににけるかも。これは2010年12月に始まった、世にいう、アラブの春を詠んだものです。」

「そちらが国際路線なら、きわめてドメスティックなものでいってみましょう。春先に多い火事に関するものです。年をとっても野次馬根性の衰えないお岩さんが走っていきます。これがいわばしる。どうやら千葉県の佐原市の方角で出火した模様で、お岩さんの弛みかかったシルエット越しに炎が見えます。これが、たるみの上のさわらびです。もえ出ずる春になりにけるかもは、乾燥した春先は火の用心をしっかりしてくださいよー、というお岩さんからのメッセージです。」

ピーターは、やれやれと、あくびをしながら帰って行きました。

雄性ホルモンのはたらきには、毛だけでなく筋肉を増やすはたらきもあります。力は筋肉の断面積に比例します。精巣があって雄性ホルモンの血液中の濃度が高い男性の方が、女性よりも力が強いことになっております。これは動物の場合でも同じです。それ故、競走馬が雌雄混合で走るとき、通常は雄の方が余計にハンディキャップ（負担重量）を課せられます。

人間は自分で作っている雄性ホルモンに頼らず、外から補給して筋肉をつけようと、髭を濃くせずに、筋肉をつける作用の強い合成ホルモンを考え出しました。それがアナボリック・ステロイドです。もとは何らかの理由で筋肉のつかない場合に使うためのもので、臨床的な目的で開発されたものです。それを運動選手が使うから物議をかもすわけです。オリンピックなどで、アナボリック・ステロイドの使用でメダルを剥奪された選手や初めから出場停止になった選手も出てまいりました。そこで、日本体育協会がこの問題で標語を作るとしたら、「アナボリックで墓穴掘るな」などが適当かもしれません。

さきに述べましたように、成熟した男性の精巣が雄性ホルモンを分泌するためには、脳下垂体から分泌されたLHが精巣を刺激する必要があります。LHによって精巣で作られた雄性ホルモンは、LHと並んで生殖腺刺激ホルモンのひとつである卵胞刺激ホルモン（FSH）と協力して精子を作る役目を演じます。

一方、成熟した女性の場合は、FSHが卵巣にはたらいて発達させた卵胞に、比較的大量のLHが作用して、卵胞の中に納められている卵を放出させます。これは排卵という現象で、そのとき卵が精子に遭遇して受精すれば妊娠が成立しますが、妊娠しなければまた同じことを約四週の周期で繰り返します。LHおよびFSHは発情ホルモンの分泌をうながす作用があり、LHには排卵したあとの卵胞を黄体に変え、黄体ホルモンを分泌させます。

生殖腺刺激ホルモンの分泌を取り仕切っているのは、脳の視床下部というところにある、特定の神経細胞で作られる生殖腺刺激ホルモン放出ホルモン（GnRH）と呼ばれるホルモンです。ヒトではGnRHを分泌するのに必要な脳機能が成長とともに備わってきます。しかし、実はそれ以前、胎児のうちに、将来のGnRH分泌能力と分泌様式が、男女間で違ったものになるように運命づけられてしまうのです。

すなわち、男性の場合は成長後、決して高いレベルではないが、それでも男性機能を維持するに十分なGnRHを分泌するような脳になります。一方女性は、高いレベルのGnRHを放出できるような脳を備えるようになります。しかし、いつも高いGnRHレベルを保つわけではなく、種々の要因がからんで、周期的（約四週毎）に一過性のGnRHの大量放出がみられます。GnRHの大量放出はLHの大量放出を呼び、卵巣では排卵という現象を招きます。

男性には卵巣がありませんから排卵は勿論おこりませんが、たとえ卵巣があったとしても、排卵をさせるに足るだけのGnRHやLHの分泌はみられません。これは、胎児期に精巣から分泌される雄性ホルモンが、GnRHの放出に関与する脳の特定の部位を変化させてしまったからです。男子の胎児でも、脳が雄性ホルモンにさらされなければ、成長後女性と同じようにGnRHを大量放出させる潜在能力を持つと考えられます(5)。

このように、GnRHによってLHの分泌が調節されているのですが、上には上があるもので、キスペプチン（kisspeptin）という物質がGnRHの上に君臨することがわかってまいりました。

キスペプチンの遺伝子は、１９９６年にペンシルベニア大学の研究グループによって得られたものです(6)が、暫定的(腫瘍転移)抑制遺伝子配列(interrim suppressor sequence)を持っている、として頭文字のissと、大学の近くにチョコレートで知られるハーシー社があり、同社の製品のひとつである「キスチョコレート」にあやかって、KISS1遺伝子と名付けられました。その後、この遺伝子産物が日本の研究グループによってみつかり、腫瘍の転移抑制(metastasis)作用が認められたので「メタスチン」と名付けました(7)が、ほぼ同時にベルギーのグループも同じものを得て、「キスペプチン」として発表いたしました(8)。現在の表記は「キスペプチン」ということになっております。

キスペプチンも、GnRHと同様に視床下部にある神経細胞群で作られていて、その神経はGnRHを含む神経細胞に向かって突起を伸ばしています。

実はGnRHの大量放出、したがってLHの大量放出の引き金は、末梢の卵巣から分泌される発情ホルモンが中枢にはたらいて引きおこすことになっております。動物実験によれば、雌ではこれに関与していると目されるキスペプチン細胞では発情ホルモンによってキスペプチンの分泌が増すのに対して、雄では発情ホルモンを十分に与えてもその効果がみられません(9)。脳の雌雄の分化を引きおこす雄性ホルモンの影響は、ここにも及んでいることを示しております。

胎児期にはたらいて脳の性分化を引きおこす雄性ホルモンは、GnRH の放出に関与する部位以外のところも変化させていて、それが行動、精神面にも反映すると推測されております(10)。男女あるいは雌雄でみられる脳の違いは、ある神経細胞集団に含まれる個々の細胞の数や大きさ、神経と神経との間の連絡のために作られるシナプスと呼ばれる部分の数や形態の違いなどがあげられます(11)。

女性の場合には、卵巣から発情ホルモンや黄体ホルモンが分泌されます。これらのホルモンの分泌は、LH と FSH とによって調節を受けております。先に述べた LH の大量放出によって卵巣の状態は変化し、その後 FSH と LH のはたらきにより、もとの状態に戻るのに約四週間を要します。卵巣から分泌される発情ホルモンや黄体ホルモンのレベルもそれにともなって変化します。このような、男性にはみられぬホルモンの質的な違いと量的な変動と、それに反応する脳の神経細胞の質的・量的な違いが、女性に彩《いろどり》(極めて玉虫色的な表現ですが)を与えているのでありましょう。

しかし、それがときには男を悲嘆にくれさせるもとになります。

「ハムレット」第一幕第二場。

ハムレット「・・・心弱きもの、おまえの名は女！——ほんの一月で、いや、父上の亡骸《なきがら》に寄り添い、ニオベのように涙にくれて墓場まで送った母上の、あの靴もまだ古びぬうちに——母上が、あの母上が——ああ、ことの理非をわきまえぬ畜生でももう少しは悲しむであろうに——叔父と結婚するとは、・・・」(3)

（1）「アントニーとクレオパトラ」福田恒存訳　新潮社（1972年）
（2）「トロイラスとクレシダ」小田島雄志訳　白水社（1983年）
（3）「ハムレット」小田島雄志訳　白水社（1983年）
（4）Reed DL, Light JE, Allen JM, Kirchman JJ. BMC Biol 5:7 doi:10.1186/1741-7007-5-7 (2007)
（5）「脳の性分化」山内兄人・新井康允編著　裳華房（2006年）

（6）Lee JH, Mielle me Hicks DJ, Philips KK, Trent JM, Weissman BE,Welch DR. J Natl Cancer Inst. 88, 1731-1737（1996）

（7）Ohtaki T, Shintani Y, Honda S, Matsumoto H, Hori A, Kanehashi K, Terao Y, Kumano S, Takatsu Y, Mtsuda Y, Ishibashi Y, Watanabe T, Asada M, Yamada T, Suenaga M, Kitada C, Usuki S, Kurosawa T, Onda H, Nishimura O, Fujino M. Nature, 411, 613-617（2001）

（8）Kotani M, Detheux M, Vandeput F, Blanpain C, Schiffmann SN, Vassart G, Parmentier M. J Biol Chem 276, 34631-34636（2001）

（9）Adachi S, Yamada S, Takatsu Y, Matsui H, Kinoshita M, Takase K. Sugiura H, Ohtaki T, Matsumoto H, Uenoyama Y, Tsukamura H, Inoue K, Maeda K-I. J Reprod Dev 53, 367-378（2007）

（10）「アダムの脳・イブの脳　神経解剖学からみた『性差』の秘密」　松本明　現代書林（１９９７年）

（11）「脳から見た男と女　性差の謎をさぐる」　新井康允　講談社　（１９８３年）

※　筆者

毛髪

かつて、ある大学の入試問題に「哺乳類の特徴をあげよ」というのがあった。「毛が生えていること」は、正解に入る。ヒトも哺乳類だが「裸のサル」といわれるほど毛を失った。それでも、頭部や陰部に比較的毛が残っている。

映画では、敵側の男と情を通じため髪を切られ、はずかしめを受ける女がしばしば登場する。「二十四時間の情事」のフランス人女優、「愛と哀しみのボレロ」のフランス娘などはその例である。

市長だった父親が人民戦線派だったため、ファシスト派に髪をそられた娘マリア（イングリッド・バーグマン）は逃亡し、スペイン山間部に潜むパルチザンにかくまわれている。そこへ鉄橋爆破のため、男（ゲイリー・クーパー）がやって来て、二人は恋におちる。

男が「ここは、どのくらいいるの?」と聞くと、女は「このくらいよ＝this long」と、伸びかけた髪の毛をつまんで答える。「誰が為に鐘は鳴る」の印象的な場面である。

アメリカの戦争映画の女性兵士や女性従軍看護師には、シャワーがつきものらしい。

「南太平洋」では、海軍看護師ネリー（ミッツィ・ゲイナー）が、敵側の男への想いを断ち切ろうと野外のシャワーで髪を洗う。このとき歌われるのは、「I'm gonna wash that man right outa my hair＝あの人を忘れたい」であった。

「マッシュ」では、野戦病院に配属された美人でお高くとまっているホーリハン少佐（看護師主任）がシャワーを浴びていると、囲いのテントがはずされる。悪ガキ外科医連中が、少佐の恥毛は頭髪と同じブロンドかどうか賭けをしたためである。

第五章

器官

其の一　脳

「てっぺんにbが付いたら悩ましく、dが付いたら垂れ流し、gが付いたらよく噛んで、tが付いたら長くなり、何もなければ落ちてくるもの、なーんでしょうか。」などと、唱えながらピーターが顔を出しました。

答えは、rain（雨）です。残りは、brain（脳）、drain（排水溝）、grain（穀物）、train（列車）で、ちょっとbrainを使えば悩ましいことはありません。

脳は、体の内外からの情報を統合し、体の各部に司令を送る器官です。

ところが、世の中にはとんでもないことを考えるやつがおります。

「リア王」第一幕第五場。リアは長女のゴネリルに冷たくあしらわれ、道化の供を連れて次女のリーガンのところに向かおうとします。

道化「もし人間の脳味噌《のうみそ》が踵《かかと》にあったら、脳味噌にも皹《あかぎ》れが出来るという事になるのかな？」

リア王「なるとも、小僧」

道化「でも、まあ安心だよ、お前さんの智慧なら、それで靴《くつ》が穿《は》けぬという程の心配は無いし、どこへでも出掛て行ける訳だ。」（1）

道化は、暗にリアの浅はかな知恵しか浮かばない「脳足りん」ぶりをからかいます。ここで気になるのは、冒頭の「脳味噌が踵にあったら」です。

原文では「If a man's brains were in's heels」で、脳も踵も複数になっている点です。脳は一個であってもbrainsと、ときに複数形で（知恵、知能といった意味に使うとき以外に解剖学的にも）使われることがありますが、ここでは各々の踵に脳があると解釈すべきかと思います。

通常、我々の体は少なくとも外部から見た場合、おおむね左右相称です。そのように受精卵の発生は進行するからです。シェクスピアは発生の原理を意識していたかに思えます。「左右相称とおっしゃいますが、ヒラメやカレイでは、両方の眼がおかしなところにあるじゃないですか？」と、ピーターが口をはさみます。「ところがさにあらず。小さいときは普通の魚と同じように左右同じような形をして、背を上にして泳いでいるのですよ。」

彼らは成長するにつれ、一方の眼が他方に移動してきて居座り、海底の砂の上に沈んで眼のある方を上にして生活するようになります。眼のなくなった方と、ある方の側とで皮膚の様相も違ってきます。これはオタマジャクシがカエルになるのと同様に変態という現象で、甲状腺ホルモンによって引きおこされます(2)。

ピーターはすかさず、石川啄木の「砂山の 砂に腹這ひ 初恋の いたみを遠くおもひ出づる日」と、つぶやきます。

しかし、ヒラメやカレイの場合は微妙です。何しろ啄木が腹ばうと、眼は砂側を向きますが、彼らは眼を上に向け、背中は依然として横向きです。しかし、仰向こうと横向こうと、変態したてでは、まだ初恋をする程には至っておりません。

脳の発生に戻ることにします。受精卵は細胞分裂を繰り返して胚となり、体の背腹・頭尾といった体軸が決まり、決まった場所に決まった器官が生じてきます。

どうして、同じものからできてきた細胞群が、違うものに「分化」していくのかという問題に切り込んでいったのが、ドイツのヒルデ・マンゴルト(Hilde

Mangold）とハンス・シュペーマン（Hans Spemann）でした。論文が発表されたのは１９２４年でした。この仕事は、もともとヒルデの学位論文のためのもので、ハンスは指導教授でした。しかし、ヒルデは同じ年に台所で火傷をしたのが原因で命を落としてしまいます。一方、ハンスは１９３５年にこの業績により単独でノーベル賞を受けるのです。ヒルデが生きていれば、二人が受賞者になったところでしょうが、彼女には不運がつきまとって離れませんでした。

彼らの実験材料はイモリの卵でした。受精の際に精子が侵入した側が腹側、その反対側は背側になります。受精卵は卵割をして細胞を増やしていきます。内部にある程度空間ができたころ、外側の細胞が内部に陥入する「原腸形成《げんちょう》」という現象がおこります。柔らかいゴムまりの一箇所に指を当てて中に押し込んだような形です。原口《げんこう》と呼ばれる場所から陥入をおこしてできた原腸のトンネルは、将来肛門から口までの消化管とその付属品になります。

彼らは、色の違う二種類のイモリを発生させて、両者とも原腸陥入をすませて原腸胚になった時期に、「ここぞ」と思う部分を一方から切り出して他方に移植してみる、という計画を立てました。移植の成功は組織の色でわかります。すると、原腸が陥入したところの背中側で表面を裏打ちする部分（原口背唇部《げんこうはいしん》）を他方の胚の腹側に移植して発生させると、本来のものに加えてもう一つの個体が体をくっつけるようにしてできてきたのです(3)。

原口背唇部《げんこうはいしん》には、移植された場所に体を作らせる（誘導する）能力があり、その能力のあるものはオーガナイザー（organizer）と呼ばれるようになりました。

正常な卵の発生の場合、原口背唇部は主として脊索《せきさく》に分化し、それに接する胚の表面部を肥厚《ひこう》させて神経板を作ります。さらに神経板の中央部を前後軸に沿って落ち込ませて、神経管という管を作らせます。原口の反対側に位置する神経管の先端部は膨らんで脳になり、それにつらなる部分は脊髄になります。

誘導の研究は一時下火になりましたが、オーガナイザー因子を活性化させるアクチヴィン（activin）の登場(4)により、再び盛んになりました。

近年の研究によりますと、両生類の胚ではその表面がBMP（bone morphogenetic protein：骨形成タンパク質）という因子のはたらきで表皮になります。しかし、オーガナイザーのはたらきを担う因子と目される、コーディン（chordin）やノギン（noggin）などの因子がBMPに結合して、そのはたらきを抑えて神経管を誘導するということになっております(5)。ヒトを含む哺乳類でも、オーガナイザー因子による似たような調節機構があるといわれております。そうしますと、たとえ踵に脳を誘導できたとしても、誘導因子の届かない表面は表皮がおおってしまいますから、脳味噌は乾燥を免れ、輝れができることはないと思います。

（1）「リア王」　福田恒存訳　新潮社（1967年）
（2）「生命をあやつるホルモン　動物の形や行動を決める微量物質」　日本比較内分泌学会　講談社（2003年）
（3）Spemann H, Mangold H. Roux Arch Entw Mech Org 100, 599-638（1924）
（4）Asashima M, Nanako H, Shimada K, Kinoshita K, Ishii K, Shibai H, Ueno N. Roux's Arch Develop Biol 198, 330-335（1990）
（5）Hemmati-Brivanlou A, Melton, DA. Cell. 88, 13-17（1997）

其の二　鼻

16世紀のベルギー生まれの解剖学者A・ベサリウス（Andreas Vesalius）は、脳底にぶら下がっている小器官、脳下垂体（hypophysis）は、脳室の漏斗部《ろうと》にたまった老廃物をまとめて鼻や口に送り出す役目をしていると考えました。そのため、脳下垂体は痰・鼻汁腺とでも訳すべき pituitary gland という、あまりありがたくない名で呼ばれるようになりました。後に脳下垂体は、種々のホルモンを分泌する細胞群から成っていて、体のはたらきを調節する重要な器官であることがわかり、内分泌腺の頭目（the master gland）と呼ばれ、あがめられるようになりました。

しかし、依然として pituitary gland という呼び名は生き残り、学術論文にもしばしば登場します。脳下垂体でさえこんな風ですから、脳下垂体から送り出される鼻汁の通路であると思われていた鼻の穴は推して知るべしです。しかし、鼻の穴は結構あなどれないものであることがわかってきました。嗅覚系の発達と生殖腺の発達とは密接な関係があることがわかったからです。

その糸口となったのは、生まれつき匂いを識別できない症状を示す男子の精巣が成長しても小さいままであるという報告でした(1)。その後、無嗅覚と生殖腺未発達をともなう症状は遺伝的なものであることを示したカルマン（Franz Josef Kallmann）(2)にちなんで「カルマン症候群」と呼ばれるようになりました。さらに、生殖腺が未発達なのは生殖腺刺激ホルモンを脳下垂体から分泌させるために必要な、GnRH（152ページ参照）を含む神経細胞が視床下部に欠けているためであること(3)がわかりました。一方で嗅覚の異常は、匂い信号を脳に伝えるための神経や嗅球が形成不全なためであること(4)もつきとめられました。ついで、複数のグループが、この原因はX染色体上にあるKAL遺伝子に異常があるためであることを発表しました。X染色体を二つ持つ女性は、どちらかのKAL遺伝子が正常であれば発症しません。したがって、X染色体を一つしか持たない男性に発症しやすいのも理解できます。

さらに、この症状が出た場合、GnRH細胞が視床下部に見当たらない理由もわ

「同業者」ガレノスとヴェサリウスの時を超えた乾杯。
ガレノスの築いた医学体系は、ヴェサリウスの出現まで命脈を保った。

かりました。発生時にGnRH細胞は鼻の原基に出現します。その後、徐々に脳の所定の場所に移動していくはずなのですが、鼻と脳をつなぐ神経を頼りにしないと脳の奥に移行できないという事態が生じるのです。

ここに至って、鼻は脳下垂体によるLHやFSHの分泌を制御するGnRHを作る細胞の供給源であることがわかり、ヴェサリウスが考えた格づけが逆転して、脳下垂体の上に君臨することになりました。

言うまでもなく、鼻は主として匂いを嗅ぐところで、シェイクスピアもそれには異存はないようです。

「リア王」第一幕第五場。どの娘が性悪であるか否かの判断をまるっきり誤ったリア王に道化がからみます。

道化「・・・お前さん、解るかね、なぜ人間の鼻は顔の真中にあるのだ？」

リア「解らぬ。」

道化「決ってる、目をそれぞれ鼻の両側に附けておくためさ、鼻で嗅《か》ぎそこなっても、目で見破れるようにね。」(5)

目であれ、鼻であれ、脳が送り出して顔に作った感覚器官です。両者の位置関係から、シェイクスピアは道化にそれぞれの器官の連携ぶりを言わせております。

しかし、鼻が切っても切れない縁のある器官は脳下垂体です。すでに鼻由来のGnRHがLHやFSHなどの生殖関連のホルモンを脳下垂体に分泌させるという関係にあることは申しました。実はその他に、鼻と脳下垂体に分化する以前は、両者の細胞群は「隣り組」であることもわかったのです。ヒキガエルの卵はメラニン色素を多量に含んでいて、発生の途中でも細胞は黒いままです。突然変異でメラニンを作れない母親が産んだ卵は白いアルビノ胚になります。これらの間で組織の交換移植実験をしてみますと、将来、脳や脊髄になる神経板の前端に位置する神経隆起（anterior neural ridge）の中央部から脳下垂体の原基が生じ(6)、それに接した左右の部分が鼻の原基である嗅板になる(7)ことがわかりました。

その後、脳下垂体の原基は脳の先端から脳底と原腸の先端部に挟まれるように移動して脳底から突き出た神経組織（のちの脳下垂体後葉）に接着して脳下垂体前葉と中葉に分化します。一方の嗅板から発生したGnRH細胞は、前に述べましたように再び脳に舞い戻り、視床下部に達します。GnRH細胞はさらにそこから神経突起を脳底の正中隆起部と呼ばれるところまで伸ばし、そこでGnRHは血管の中に取り込まれて脳下垂体に達することで、長い旅路の末に鼻からの使者GnRHと脳下垂体細胞は面会を果たすわけです。

ところでGnRHは視床下部で、その名の通り生殖腺刺激ホルモンを放出させるだけではありません。GnRHは、脳の各所に足を伸ばしている終神経にも含まれていて、他の神経の活動の調節に手を出しているらしいのです(8)。

さて、嗅覚にはなしを戻しましょう。一般に匂いの刺激を受け取るのは鼻の粘膜である嗅上皮ですが、動物によっては左右の鼻を隔てる鼻中隔の両側に嗅粘膜と似た構造を持った上皮細胞があり、そこから神経の束が副嗅球にまで伸びております。この器官を鋤鼻《じょび》器官あるいはヤコブソン器官と呼びます。鋤鼻器官は同じ仲間から発せられるフェロモンを受け取るところと考えられています。生殖に関連するフェロモンも鋤鼻器官を介してはたらくので、雄のネズミでこの部分を破壊すると性行動がみられなくなってしまいます。

フェロモンは自分の体で作り、外部に分泌し、自分と同じ仲間にはたらきかけ、それらにある決まった反応を引きおさせるもの、と定義されております。

これまでヒトの鋤鼻器官は胎児期にはみられるが、やがて退化して存在しないものと思われておりました。ところが、最近鼻の手術の際に切り出した組織を調べると、大人でも鋤鼻器官のある例がみつかりました。ヒトにフェロモンを受け取る器官が存在するのならば、そこに作用するフェロモンがあってもおかしくはないというわけで、にわかに色めき立ったことがあります。

フェロモンは、通常の匂いを受け取る嗅上皮とは違うところで受け取られ、おそらく香りはありません。「夏の夜の夢」は、花やハーブの名とodorous（よい香りの）、savour（香りの良い）、sweet（かぐわしい）といった表現が随所に出てくる「香り」に満ちた作品であるといわれます(9)。

アテネ大公の婚礼を祝うために、森に戻ってきた妖精の王、オーベロンと女王のタイターニアはいさかいをおこします。オーベロンは、その腹いせにタイターニアにいたずらをします。

「夏の夜の夢」第二幕第一場。

オーベロン「娘たちはその花を『浮気草』とよんでいる……じつは、それを摘んで来てもらいたいのだ、いつか見せたことがあるな、その汁を絞って、眠っているまぶたのうえに塗っておくと、男であれ女であれ、すっかり恋心にとりつかれ、目が醒《さ》めて最初に見た相手に夢中になってしまうのだ、その草を取って来てくれ、すぐに戻って来るのだぞ、鯨が一里と泳がぬうちにな。」

パック（※小妖精）「地球ひとめぐりが、このパックにはたった四十分。」・・・

オーベロン「その汁を手に入れたら、タイターニアが寝るときをうかがって、それをまぶたに一たらしだ。そうすれば、あれは目が醒めて、一番最初に見るものを――その相手が獅子《しし》であろうと、熊であろうと、狼《おおかみ》、野牛、なんでもござれ、おせっかいのえて公の尻まで――夢中になって追いまわすのだ。・・・」(10)

というわけで、タイターニアは、芝居のためにロバの頭をかぶった、うすのろ職人ボトムに惚れてしまいます。その惚れ薬の効き目たるや強力でありますが、それを打ち消すのに「ダイアナの蕾」が使われます。

このような「惚れ薬」や「醒め薬」は、自分と同種のものが作ったものではありませんから、フェロモンとはいえません。それに、オーベロンは「この薬草をしぼってライサンダーの目にたらし込むのだ。」とも言っているところから、シェイクスピアは惚れ薬を視覚系に作用させて効果を得たと思っているようです。

しかし、目にたらし込んだものは鼻を通って排出されるか、鼻で蒸発しますので、嗅覚系に、あるいは視覚系と嗅覚系の両方に作用した可能性も考えられます。

「惚れ薬」といえば、日本には「イモリの黒焼き」という粉末がありました。

これを相手に振りかけると、恋が成就するという触れ込みで、商品として売られていたこともあります。これは多分に、イモリの特徴的な求愛行動を見た人が考えついたものと思われます。

生殖期に入りますと、イモリの雄は雌に精子の塊を取り込ませるため、雌の前で尾をしきりに振って雌の鼻先に向かって水流を作ります。しばらくしますと、雌は魔法にかかったように雄に惹きつけられて、前進する雄のあとに従います。そこで雄が粘着性のある精子塊を出すと、それが雌の尻にある総排出口に引っかかって体内に吸い込まれます。

このように雌が雄に惹きつけられるのは、雄の肛門腺が分泌するフェロモンのせいであることがわかりました(11)。雌は終始受け身のようですが、実は雄が求愛行動を始める前に、雄を受け入れる用意があることを示すフェロモンを出しております(12)。勿論、これらのフェロモンはヒトには効きません。

(1) Maestre de San Juan A. Siglo edico 131, 211 (1856)

（2）Kallmann FJ, Schoenfeld WA, Barrera SE. American J Mental Deficiency. 47, 203-236
（3）De Moirsier G. Schweiz. Arch Neurol Psychiat 74, 309-361
（4）Naftolin F, Harris GW, Bobrow M. Nature 232, 496-497
（5）「リア王」　福田恒存訳　新潮社（１９６７年）
（6）Kawamura K, Kikuyama S. Development 115, 1-9（1992）
（7）Kawamura K, Kikuyama S. Annals NY Acad Sci 839, 201-204（1998）
（8）Oka Y. Progress in Brain Research 141,259-281（2002）
（9）「シェイクスピアの香り」　熊井明子　東京書籍（１９９３年）
（10）「夏の夜の夢」　福田恒存訳　新潮社（１９７１年）
（11）Kikuyama S, Toyoda F, Ohmiya Y, Matsuda K, Tanaka S, Hayashi H. Science 267,1643-1645
（12）Nakada T, Toyoda F, Matsuda K, Nakamura T, Hasunuma I, Yamamoto K, Onoue S, Yokosuka M, Kikuyama S. Sci Rep 7,41334（2017）
※　筆者

鼻梁

四足哺乳動物たちは、どうしても顔が一番前に出る。その中でも鼻が最も先に突き出る。

鼻の内部には、もちろん匂いを感じる嗅覚器があるが、そのほかに鼻の周りに触覚器官もある。四足哺乳動物が持つのは特別な毛で洞毛と呼ばれ、根元に神経がたくさん分布している。したがってこれらの動物では、鼻が、あたりをうかがうのにたいへん都合がよくできている。

しかし、今でも四足哺乳動物の名残をとどめているのは探偵である。何にでも鼻を突っ込んでくるから、「チャイナタウン」の私立探偵（ジャック・ニコルソン）のように、鼻をかき切られたりする。

鼻の内部には入り組んだ空洞があって、表面に毛細血管が張り巡らされている。吸い込んだ空気は、この部分で血液の熱を奪って暖まり、肺に冷たい空気がじかにいかないようになっている。

南方系より北方系民族の鼻が長いのは、後者の方がより空気を暖めなくてはならないからだという説がある。

人の鼻は、洋の東西を問わず、昔から比べるとだんだん隆起してきていることが知られている。人に先がけて高くなりすぎた人、例えば「誰がために鐘は鳴る」のマリア（イングリッド・バーグマン）は、「キッスをするとき、この鼻はどこにおさまるのかしら。」などと余計な心配をすることになるのである。

其の三　**内臓**

しばらく姿を見せなかった友人のピーター、聞けばオーストラリアに里帰りをしていて、ときに下痢はしたものの大病はしなかった、と言います。

旅《たび》に病《や》んで夢《ゆめ》は枯野《かれの》をかけめぐる

かと言いますと、そんな大袈裟な、縁起でもないという顔をします。

「本来これは、旅《たび》に止《や》んで夢《ゆめ》は辛《かれ》えのをかけめぐるです。すなわち、国を出てから幾月ぞ、やっと忍苦の下痢もやみ、明日は存分に食うぞ、と決めた夜の夢に出てくるのは辛いものばかり、松尾芭蕉は辛い食べ物に目がなかったわけですよ。」と言っても信じてくれません。

ところで、下痢と言えばゲリラ、いやコレラを思い出します。コレラにかかると激しい下痢で、一日4～5リットルもの水が失われ血液中に水分を補給しないと干からびてしまいます。ドイツの病理学者、ルドルフ・ウィルヒョウ（Rudorf

Virchow：1821-1902）は、コレラにかかると腸粘膜の表面がただれてはげ落ち、血管が露出して、血液の水分が大量にしみ出すため下痢がおこる、という説を唱えました。しかし、近年になって、これは誤りで、コレラ患者の腸粘膜は正常な姿をしていることがわかりました。小腸の粘膜には、たくさんの小さいくぼみがあって、そこから腸液が分泌されております。コレラにかかると腸液の分泌が異常に昂進するのです。コレラ菌はコレラトキシンという蛋白質を作り、これが小腸を刺激し、腸液の大量放出を引きおこすらしいのです。

動物の体の表面には外界からの刺激を受け取って、内部に伝える細胞が分布しております。腸は口と肛門とにつながっていて、体を貫く一本の管の一部です。したがって、腸の内側は体の外側であります。腸管の表面はいろいろなタイプの細胞でできていて、中には外界からの刺激を受け取って、体に指令を出す細胞があります。たとえば、十二指腸のセクレチン含有細胞。胃酸にまみれてpHの下がった食物が胃からおりてきますと、この細胞が反応してセクレチンを分泌します。セクレチンは膵臓にはたらいて、アルカリ性の液を十二指腸の管の中に放出させます。これで酸性になっていた食べものは中和され、消化酵素がはたらきやすくなります。下痢はコレラトキシンだけでなく、種々の「毒素」によって引きおこされます。腸のセンサー細胞とでもいうべきものは毒素による刺激を受け取り、一方で腸液の大量放出をうながすある種の物質を分泌します。したがって下痢は、毒素を押し流してしまおうという防禦反応の現れなのです。腸はなかなか賢い器官で、脳と同じように体のことを考えて、はたらいているのです(1)。

いうまでもなく、体は細胞からできております。同じような細胞は集まって組織を作り、種々のタイプの組織が集まって器官を作ります。器官にはそれぞれ役目があって、それらが、とどこおりなく役目を果たすことによって我々は生きていけるわけです。

一方、生物界には細胞が一個でできている単細胞生物も存在します。かつて「単細胞」という言葉が流行したことがあります。これは思考の単純な者をからかったり、軽蔑したりするときに使われました。しかし、「単細胞生物」となると事情が違います。一個しかない細胞の中に細胞器官と呼ばれる種々の装置が発達していて、決してあなどることはできません。
ローマの将軍コリオレーナスが敬慕するメニーニアスは、国家の成り立ちを体の成り立ちにたとえて、暴動をおこそうとする市民を説き伏せようとします。
「コリオレーナス」第一幕第一場。
メニーニアス「諸君は悪意のかたまりか、でなければよほどのばかと非難されてもしようがないぞ。そうだ、諸君におもしろい話をしよう、・・・」
市民1「よろしい、聞きましょう。・・・」
メニーニアス「昔々、あるとき、からだじゅうの器官が胃袋にたいして反乱を起こした。言いぶんはこうだ――胃袋は、底なし穴のように、からだのまんなかにでんとすわりこんで、のうのうと暮らしている、ただごちそうをのみこむだけで、ほかの器官と協力して働こうとはしない。一方ほかの器官は、見たり、聞いたり、考えたり、指図したり、歩いたり、感じたり、たがいに助け合ってからだ全体の共通の目的のために奉仕し、その要求を満たすべく努力している、というわけだ。そこで胃袋は答えた――」

市民1「で、どう答えたんです、胃袋は？」
メニーニアス「・・・こう答えた、・・・『私はどんな食物でもまっさきに受けとりはする、だがそれで諸君は生きていけるのだ。それも当然の話だろう、なにしろ私はからだ全体の倉であり店であるのだから。思い出していただきたい、私はそれを血液の流れをとおして送り届けている、心臓という宮廷にも、脳髄という玉座にもだ。さらに、人体のあらゆる廊下や小部屋をとおして、もっとも強い筋肉から小さな血管にいたるまで、私からいのちの糧《かて》である栄養分を受けとらぬものは一つとしてないのだ。もっとも、諸君には、すぐには』——と胃袋が言うのだ、いいな——」
市民1「いいですよ、それで？」
メニーニアス「『もっとも諸君には、すぐには私がみんなになにを与えているか、わからないかもしれない、だが決算をしてみれば、諸君が私から受けとるのは食物のいちばんいいところで、私には滓《かす》しか残らないのだ』どう思う、諸君？」

市民1「それが答えか。で、いまの場合と関係あるんですか？」

メニーニアス「ローマの元老たちがこの胃袋で、諸君は反乱を起こした諸器官というわけだ。考えてもみろ、元老たちがなにゆえ会議をかさね、心をわずらわすか。公共の福祉にほかならぬ。それを正しく理解すれば、すぐわかるはずだ、諸君が受ける公共の利益はすべて彼らが生み、彼らの手をへているのであって、諸君が作り出すものでないことが。・・・」(2)

ピーターが「今度は内臓の話ですか？ 有るぞーの話ですか？」と駄洒落をとばします。

「それでは、無いけれども有るぞーの話でもしますかね。」

内臓の中には膵臓が含まれます。しかし昔、内臓器官を「五臓六腑」といいました。その内訳は、心、肝、脾、肺、腎の五臓、大腸、小腸、胆、胃、三焦、膀胱の六腑で膵臓は含まれていないのです。三焦というのは消化・吸収・排泄をつかさどる「無形有用なもの」と説明されております。

ヒトを含めた四足動物の膵臓は、種々の消化酵素を十二指腸に放出して消化を助ける外分泌細胞と血糖値を調節するインシュリンやグルカゴン、それらの分泌を抑制するソマトスタチンを分泌する内分泌細胞の集団でできています。

　解剖して内臓を観察する場合は、遺体を使っていたので、死後時間が経っております。そうしますと、臓器の自己融解という現象がおきます。、生前は膵臓で作られた消化酵素は膜に包まれていて、安定した状態にありますが、死後は膜が溶けて消化酵素が周囲を分解するため、膵臓は他の臓器よりも早い時期に形を留めなくなるので、五臓六腑から抜け落ちたとみえます。

焼き鳥のタネは器官の成れの果て。

これは世の東西を問わずでありまして、その証拠に膵臓をパンクレアス（pancreas）と言います。pan は「全部」のことで、creas は肉を意味します。つまり、「構造のわからない肉のどろどろ」という名を膵臓に与えたということになっています。ピーターは、パンクレアス、パンクレアスとつぶやいているうちに、「パンおくれやす」と京都弁になり、腹が空いたからパンを買って帰る、と言って出て行きました。

シェイクスピアは、「からだの諸器官の協調」というのが気に入っているせいか、「ヘンリー五世」でもそれをまくらに国政を論じさせております。

「ヘンリー五世」第一幕第二場。

キャンタベリー（※大司教）「それゆえに天はまた、人間という小王国をもさまざまな機能に応じて分割し、各部分をたえず努力させ、活動させているのです。各部分の努力の目標、活動の目的は、服従にあります。蜜蜂とても同じこと、彼らは自然の法則に従って人間世界に秩序ある行動とはなにかを教えてくれます。彼らには一人の王がおり、各種の役人がおります、あるものは行政官として、本国にあって政治をつかさどり、あるものは商人として、外に出て貿易に従事し、あるものは兵士として、鋭い針をもって武装し、ビロードのようにやわらかな夏の花々を襲撃し、その戦利品をもって、陽気な行進曲を奏しつつ王のいます本陣へと凱旋してまいります。王は王としての職務に多忙をきわめております。つまり、鼻歌まじりに黄金の屋根をふく石工たちや、おとなしく蜜をこねあげる一般市民たちや、重い荷物を背負って狭い城門を押しあいへしあい通り抜けてくるかわいそうな労働者たちや、あくびをする怠け者を不機嫌な咳払いとともに蒼白い獄吏へ引き渡すいかめしい判事たちを、監督しているのです。私が言いたいのはこういうことです、多くのものがそれぞれ勝手な方向に動いていようと、一つの目的のため結ばれていればそれでいいのです、多くの矢が異なる位置から放たれて、一つの的に集まるように、多くの道が四方八方から近づいて一つの町で出会うように、多くの河が流れ流れて結局は一つの大海原に注ぐように、多くの線がまっすぐ伸びて日時計の中心で合するように、数百数千の行動も、それぞれ同時に開始されながら、なんの支障もなく、万事うまくはこんで、ついには一つの目的に到達しうるのです。ですから陛下、ぜひともフランスへ！　このしあわせなイングランドを四つに分け、その四分の一を率いて進撃なさいますよう・・・」(3)

メニーニアスといい、キャンタベリーといい、まことに雄弁でありますが、もう少し簡潔なものを、というならば、アレクサンドル・デュマの「三統士」の中で、ダルタニアンと三銃士が提唱する「個人は全員のため、全員は個人のために(un pour tous, tous pour un)」、例の「one for all, all for one」で知られているやつでしょう。

まことに、組織や団体を統一するのに都合のよいスローガンです。自己犠牲が尊ばれるスポーツであるラグビーを語るとき、しばしば引き合いに出されます。

(1)「腸は考える」藤田恒夫　岩波書店（1991年）

(2)「コリオレーナス」小田島雄志訳　白水社（1983年）

(3)「ヘンリー五世」小田島雄志訳　白水社（1983年）

※　筆者

納め口上

「あとがき」を書こうとしていたところに、例のピーターが現れました。

「もう終わったも同然。All's right with the world（上田敏訳は、すべて世は事も無し）ですね。」と、敵はロバート・ブラウニングの詩で攻めてきました。「とんでもない、世の中、問題が起きてもそのまんま、未解決のままほったらかしですよ。言うなればAll's left with the world です。」とはぐらかしますと、ピーターは「確かに、右向いてホイ、左向いてホイですね。」と、ややズレがあるものの珍しく同調しようとします。

ふと、ピーターの提げてるものを見ますと・・・何と、四段重ねに麻雀牌を収めたケースです。我々は、これを「往診カバン」と称しておりました。通称「アキレスのケンさん」なる友人の持ち物なのですが、あとから「トナリのトンちゃん」と一緒にやって来る手筈になっているといいます。なるほど、再度ブラウニングを持ち出せば、「揚《あ》げ雲雀《ひばり》なのりいで」というわけかと、観念して二人を待つことにしました。待つ間に、雲雀からの連想で、「うらうらの　照れる春日《はるび》にひばり上がり　こころ悲しも　ひとりし思えば」をピーターに講釈することにしました。

これは、紅白歌合戦に出なくなった三人の歌手が、大晦日の晩に大伴家持の家で麻雀をして過ごしたときのものだ、と言うと乗ってきました。

まず春日、これをこの際「かすが」と読ませてもらいます。春日八郎がリーチをかけて「安いです。裏ドラ二つ期待してるだけです。」とテレながら釈明します。これが「うらうらに照れる春日」。ところが美空ひばりがさっさと上がってしまいます。ひばりは上機嫌で、英語のlark（ひばり）には「浮かれ騒ぐ」という意味もあり、まさにぴったりです。淡谷のり子は「私もあわや満貫というところだったんですよー。」と悔しそうです。問題は家持、ツキが無く、ひとり無言で牌を倒します。すなわち、「こころ悲しもひとりし思えば」。

ここで二人がやってきて、四人揃い踏みとあいなりました。

さて道草を食いましたが、本書は、藤田恒夫新潟大学名誉教授の主宰のもとに出版されていた「ミクロスコピア」誌の「ミクロスコピア・ライエンス寄席」（1989年～1991年）と「沙翁バイオ講談」（1999年～2000年）、早稲田大学後援会のコミュニケーション誌「Wact」の「シェイクバイオ」（1994年～1996年）、保健同人社「はつらつ」の「スクリーンジョッキー」（1985年～1986年）、及び早稲田大学エクステンションセンターで行った「シェイクスピアの生物学」の講義内容（2000年）を基にして書き改め、加筆したものであります。

当時、執筆および講義の機会を与えてくださった関係者の方々に改めて感謝いたします。

挿絵は、学部、大学院を通じて筆者の後輩にあたる、安富佐織さんにお願いしました。挿絵単独でも十分に主張のある、楽しい作品であると信じております。

本書の出版元である学校図書株式会社とは、1980年から90年代にかけて高校生物の教科書を執筆していたことで縁がありました。加えて、筆者が早稲田大学に就任後十年経った頃、研究室に在籍したことのある中嶋則雄氏が、最近になって同社に転籍してきました。このような巡り合わせで、同氏の薦めもあって本書を世に出すことにいたしました。

この企てが、シェイクスピアの作品の題名だけを借りれば、「から騒ぎ」に終わらず、読者の方々には「お気に召すまま」楽しんでいただいて、「終わりよければすべてよし」となることを願っております。

最後に、中嶋則雄社長および、編集の労を執っていただいた編集部の小澤雅之氏、並びに吉田清豪氏にお礼申しあげる次第であります。

2019年7月7日

筆者

菊山　榮

（きくやま　さかえ）


1959年東京大学理学部卒業。1965年同大学大学院生物系研究科終了。理学博士。

東京大学助手、早稲田大学講師、助教授を経て1975年教授、2006年名誉教授。

ルーアン大学名誉博士。

専門は内分泌学。1999年より2004年まで日本比較内分泌学会会長。

早稲田大学では、1976年より2004年まで体育局合気道部部長。

1974年より現在まで、教職員ラグビー倶楽部 Oryza に所属。

主な編著書・訳書
人間の生物学（共著、培風館、1990）
Advances in Comparative Endocrinology（共編著、Monduzzi Editore, 1997）
真紅のジャージー（訳、バリー・ジョン著、ベースボールマガジン社、1979）
性ホルモンと行動（共訳、P.J.B. スレイター著、朝倉書店、1980）

表紙・本文イラスト：安富佐織

シェイクスピアの生物学

2018年12月7日　第1刷発行　　2019年7月7日　第2刷発行

著　者……………菊山　榮
発行者……………中嶋 則雄
発行所……………学校図書株式会社
〒114-0001 東京都北区東十条3-10-36
電話 03-5843-9433　　FAX 03-5843-9440
印刷所……………図書印刷株式会社

乱丁・落丁がありましたら、おとりかえいたします　ISBN978-4-7625-0233-0